NF文庫
ノンフィクション

復刻版　日本軍教本シリーズ

「輸送船遭難時ニ於ケル軍隊行動ノ参考　部外秘」

編

潮書房光人新社

生存に重きを置いた指南書
――「輸送船遭難時ニ於ケル軍隊行動ノ参考　部外秘」を読んで

呉市海事歴史科学館（大和ミュージアム）館長　戸髙一成

航行中の船舶が遭難という事態に陥る場合には、機器の故障などの技術的問題、台風などの悪天候、操縦ミスなどの人為的問題など、さまざまな理由がある。戦時中においては、敵の放つ爆弾や魚雷などによる攻撃もその一つなのである。

第二次大戦中、日本の陸軍は、本来作戦を想定していなかった太平洋や東南アジアなど南方の島々に広く展開した。兵員をそれらの場所に運ぶためにはいくつかの方法があるが、多くの場合は輸送船によるものだったが、無防備に近い貨物船などを利用した輸送では損失のリスクが極めて高かった。実際、敵の攻撃をうけてかずかずの船が沈没し、多くの将兵が犠牲になった。

では、そのような状況になった場合、兵士はどのように対処すればよいのか。

本書は太平洋戦争中の昭和十九年に陸軍の教育総監部が発行し兵士に配布した冊子で、乗船が遭難した際には、このように行動するべし、ということを解説したマニュアルである。

遭難時には冷静沈着に行動することを要求し、退船の手順や救命胴衣の扱い方、筏を作って救助を待つ方法、水温の低い海での注意点など、さまざまなことが綴られる。編者のいうように、なにかと精神主義だというイメージを持たれがちな日本軍であるが、このマニュアルでは生きのびることに主眼を置いており、その方法を坦々と解説している。むしろ精神論とは反対の現実的な内容なのである。

これも編者の言によるが、この本は、さまざまな資料から応急的に作られたもののようである。もっと緻密に、系統的にまとめられていたら、更に有効な内容になったと思われる。

ただ、それなりに努力はみられるので、現代人にとっても心構えとしては、十分に読むに値するものとなっているのではないか。

惜しまれるのは、このマニュアルの発行が昭和十九年四月、日本軍は敗退を続け、既に戦局の挽回は望み薄となり、南方に向かう輸送船は殆どが途中で撃沈される時期に、ようやく編纂配布されたことである。ガダルカナルをめぐる輸送作戦の戦訓がいち早く生かされて編纂されていれば、兵士の損失もかなり違ったものになっていたかもしれない。

この小さな冊子を握りしめて輸送船に乗り組んだ多くの兵士の無残な運命を思うとき、繰り返してはならない歴史の重さを感じないではいられない。

戸高一成（とだか・かずしげ）
一九四八年宮崎県生まれ。多摩美術大学卒業後、一九九二年、財団法人史料調査会理事就任。一九九九年「昭和館」図書情報部長就任。二〇〇五年、呉市海事歴史科学館（大和ミュージアム）館長就任。著書に「戦艦大和復元プロジェクト」「日本海軍戦史」など、編・訳監に「秋山真之戦術論集」「マハン海軍戦略」など「証言録・海軍反省会」全一一巻で、第六七回菊池寛賞受賞。写真提供／呉市海事歴史科学館。

編者まえがき

「輸送船遭難時における軍隊行動の参考」（以下この本という）は平成十五年七月二十九日に入手した横九センチ、縦一二・五センチ、全六二ページに折込図一枚付きの小冊子である。珍しい資料だが何かの役に立つとは思わなかったので、書棚の一隅に押し込んだまま二〇年以上忘れていた。当時編者は陸軍火砲史の総仕上げにかかっていたので、あまり関係のない資料には関心がなかった。したがって入手の経緯は全然思い出せない。

今回NF文庫の復刻版 日本軍教本シリーズに収録されるにあたり、初めて詳しく目を通したのだが、輸送船が遭難した際の処置について実に詳細に記されていることに少し驚いた。要するに沈没する船から脱出して生き延びる方法の指南書なのである。

陸軍の教本には戦死を恐れるな、という底流があるが、この本は生き延びる方法を繰り返し説明するのみで、死ぬことを恐れるなとは書いていない。しかし救助が来なければ、あるいは敵戦闘機の機銃掃射を受ければ死ぬ確立が高いことは容易に想像できる。この本を作った陸軍中央部がそれを知らないはずはなく、この本を配付された側もこんなことで本当に助かるのか、という疑問は誰もが抱いたのではないだろうか。

編者としてはこの本が現実に役立ったのかということを一番知りたいが、今はただ正確に資料として残すことしかできない。ここに全文をそのまま引用したので、この本を拾い上げた編者の務めは果せたと思っている。これからは折々に読み継がれ、太平洋戦争における輸送船の遭難について回顧する素材の一つになればと願う。

この本の冒頭に教育総監部本部長が述べているように、その内容は参考となる事項を収集したものであり、誰かが新たに起草したものではない。本書（この文庫）を読んでいくと似たような記述が出てくる。編者が資料を探すなかで、この本のネタになった元資料にしばしば出くわしたが、それをそのまま引用したので、本書には親子の両資料が掲載されている。教育総監部があわててまとめたとは思わないが、知見が足りないながらも得られる情報をフルに使って、かなり応急的に作られたものであることは隠せない。図版の粗悪さは陸軍の教範の中でも随一である。

本書の編集に際し、船舶輸送についてある程度の基礎知識が必要ではないかと感じ、参考資料を探したところ、靖国偕行文庫に最適の資料があったことを思い出し、これを要約して引用させていただいた。刊行年は早いが基本的に戦中も変わるところはないと思う。その他の資料は若干の手許資料に加え、アジア歴史資料センターのデータの中から必要な部分を抽出して引用させていただいた。

以下に第一章以下に引用した資料について、その概要と特色などを記す。

「**上陸作戦講義録**」は陸軍運輸部が作成した練習生用の教科書で、専門的な内容を平易に記述している。先ず上陸作戦の定義を簡潔に引用した。単に敵前上陸のことではない。また上陸作戦用主要材料要目表を徹底的に引用した。大発にはA・B・C・Dの四種があることや、小発動艇にもA・B・Cの三種があるということ、救命筏に制式品があることも知った。長々と引用しているが、こういう貴重な資料は細部まで公表しなければならない。

「**船舶輸送講義録**」本資料も靖国偕行文庫の所蔵である。船舶輸送は船舶の徴傭に始まり、次いで集合した各船の消毒、バラスト搭載、給水、給炭、艤装、兵装の準備作業を完了して、乗船(搭載)を行い、船舶の航行を経て上陸(揚陸)をもって終る。この講義録を読めば一通りの流れが理解できる。また船内における給養の単価が分かる。将校は一日一円八〇銭、下士官・兵などは一日一円であったそうな。本書は以下の資料にも度々引用されている。

「船舶輸送に於ける輸送指揮官服務の参考」輸送船における乗船部隊の最高責任者は輸送指揮官であり、高級先任将校がその任にあたる。会敵などの場合における乗船部隊の最後の処決は輸送指揮官が決定する。一方船長は船舶輸送司令官に隷し、業務の実行に関してはその輸送船または他の輸送船に乗組んでいる監督将校の監督を受ける。また輸送船最後の処決は如何なる場合においても船長が決定する。つまり輸送指揮官と船長は並立の立場にある。

「上陸戦闘に於ける舟艇移乗並に跳込要領の参考」この資料から舟艇移乗とか、跳込(とびこみ)の話が出てくるが、それは上陸戦闘のための動作であり、遭難の場合とは異なる。舷側を乗越えて索梯(さくてい)(縄梯子)に移るときの動作と、舟艇に跳移る動作に難しいところがあるようだ。舟艇内では前後の距離を縮めてしゃがみ、銃は銃口を上にして手に持つか肩に掛ける。舟艇が海岸に達着すれば、兵は「跳込め」の号令により直ちに跳込み、敵方に向い突進する。

「輸送船の対遭難訓練について」長時間海中にあるときは腹部の冷却が甚だしいので厚着が必要、その他手套、雑嚢、水筒は二本以上、飯盒、鉄帽、小刀などを必要とする。麻縄は退船時または筏を製作し、武器および身体を筏に縛着することができるので一本以上必要である。携帯口糧三日分、鰹節一、缶詰若干などを携行する。小銃は負革を長くし負銃とする。弾薬は三〇発以内に止める。一五〇発を携行して入水したが浮游困難であったことによる。

「輸送船遭難時の心得」輸送船が遭難すると一、二分で沈没するので、常に装具その他を整理整頓しておく。訓練は数回連続して行い短時間に準備できるようにする。船艙内の者は爆発の衝撃を受ければ速やかに甲板上に進出する。小銃、擲弾筒は肩に掛け、手拭その他で縛着する。兵器手入具は敵前上陸の場合のほか弾薬の携行よりむしろ必要である。水中では必ず平泳ぎをし、腹部に板片などを当てて爆発の衝撃から保護するなど、極めて具体的である。

「船舶部隊の教訓」船舶部隊の戦訓集。水平爆撃に対しては相当回避できるが、急降下爆撃に対して速力一二ノット以下では九〇パーセン以上命中する。北洋では夏季でも海水温度は零度内外であるため心臓麻痺を起し、潮流が激しいため流されほとんど救助できなかった。これに反し最後まで船に留まった者は全員救出された。寒地救命胴衣を装着した者は救助され、普通の救命胴衣を装着した者の多くは死亡した。寒地救命胴衣は極めて有効である。

「対潜及遭難時動作の教訓」多数の将兵を収容した船艙（せんそう）に魚雷が命中、爆発とともに蓋板（がいはん）などは船艙内に落下し、寝棚（ねだな）が転落して将兵は艙底に転落した。あるいは爆風に吹き飛ばされ、浸入する海水のために避難する自由を失い、遭難者のほとんどはこの船艙内において溺死したものと判断される。部隊は浮游材料を海中に投下し舷梯（げんてい）（タラップ）、縄梯子、綱などを利用して海上に降下し、僚船および護衛船艇に救助された。極めてリアルな戦例・戦訓である。

「船舶砲兵対潜戦闘の参考」船砲隊の人員が多く監視器材が優秀であれば対潜被害を

極限できる。防空船の被害がないのは船速が大きいことによる。判断力は経験並びに研究心の旺盛な上級者においてはるかに優るものがある。対潜必勝の要は遠距離浮上状態の敵を発見することにある。潜望鏡を発見し、機先を制し射撃するときは、敵を制圧しまたは照準を困難とする。それには双眼鏡を多数使用させる必要がある。雷跡発見は既に対潜敗勢を意味する。

「中部太平洋方面船舶輸送に関する教訓」軍隊の乗下船は軍隊自らこれを行う。輸送を完遂し船舶保安を達成するには、港湾における乗船、上陸、揚陸、搭載において短時間での作業に徹底することが必要である。そのためには、乗船搭載における計画的な積付が重要だが、軍隊・軍需品の港湾到着とともに逐次無計画に乗船搭載する傾向があり、あらかじめ関係方面と連絡し、短時間での揚搭（揚陸と搭載、すなわち荷役のこと）に適応するように立案する。

「夜間に於ける輸送船の対潜戦闘に関する教訓」暗夜に敵潜を撃破した勝因は監視が優秀であったことに帰す。一度捕捉された船舶は潜水艦に比べてその態勢は極めて不利で、たとえ月明があっても潜望鏡の発見は至難であり、浮上している場合の発見も容易ではない。そのため敵は効果のある近接攻撃が可能となる。わが方の監視は夜間に至り疲労が加重してくるが、敵潜は夜間浮上状態にあるので、乗員の疲労は昼間に比べて軽減する。

「船艇操縦教範（発動艇及艀舟(ふしゅう)の部）案」実戦における監視の仕方を詳述。目標を捜索するには瞥見(べっけん)視力（約二秒間の注視）により異状を感じた場合、注視力（二分ないし三分間の凝視(ぎょうし)）を用いる。敵飛行機、潜水艦は日出(にっしゅつ)、日没前後太陽の光線が低く、海面の輝きが大きい、監視に最も困難なときを利用し、あるいは雲に隠れて攻撃してくることが多い。半信半疑の場合においても怪しいと認めたものは総て直ちに所属指揮官に報告しなければならない。

「索梯取扱法」同時に多数の人命を託す器材であるから、使用前厳密に検査する。昇降は右（左）足と左（右）手とを同時に上げ（または下げ）、過度に上体を索梯より離して索梯を動揺させることがないよう注意し、艇内に降下する直前収縮姿勢をとり、機会を見て迅速に跳下りる。波浪が高いときは、波のため艀舟が最も上昇した瞬間を捉え艀舟の上昇衝突による危険を防止する。波が高く約三メートルの波浪中においては一名の移乗に約一分を要する。

「救命胴衣（W型）取扱法」救命胴衣は肩紐で連絡する前後両嚢を、肩紐で身体の前後に縛着する。これを装着したとき武装兵は水中において連続四八時間以上概ね垂直に浮かぶことができる。ただし銃を水上に差上げるときは浮力が十分ではない。嚢はカポックを外包内に充填したもので、カポックの浮力は自重の約三〇倍を有する。水中浮揚中は静止状態にあるのを原則とし、故意に泳ごうとするとかえって疲労を来すので注意を要する。

佐山二郎

二〇二四年七月

復刻版　日本軍教本シリーズ

「輸送船遭難時ニ於ケル軍隊行動ノ参考　部外秘」

――目次

第二章　船舶部隊の戦訓

第三章　器材取扱法

復刻版　日本軍教本シリーズ

「輸送船遭難時ニ於ケル軍隊行動ノ参考　部外秘」

部外祕

輸送船遭難時ニ於ケル

軍隊行動ノ參考

昭和十九年四月
教育總監部

原本表紙

輸送船遭難時における軍隊行動の参考

部外秘

昭和十九年四月　教育総監部

25　輸送船遭難時における軍隊行動の参考　部外秘　昭和十九年四月　教育総監部

本書は輸送船遭難時における軍隊行動の参考たるべき事項を収集したるものにして更に推敲を要するものあるも取敢えず配布す。（この部分原文のまま）

昭和十九年四月　教育総監部本部長　野田謙吾

目次

その一　機秘密書類の非常処置要領
暗号書の保管
非常処置
責任者
保管原簿の携行避難
非常時換字表
事故報告
その二　輸送船の浸水及沈没の状況
その三　救命器材の価値
救命艇
救命浮器
救命胴衣
その四　退船及水上救助上の注意
第一節　退船及水上救助上の障害
第二節　退船上の注意
退船の準備

輸送船遭難時における軍隊行動の参考

通則

第一　遭難克服の要諦は指揮官以下船舶輸送に関する認識が深く、準備を周到にし、訓練を励行するとともに、警戒を厳にし、遭難にあたっては沈着豪胆、敏速適切な行動をすることにある。

第二　遭難時兵員損害の多寡は船舶および部隊を一体とする周到な準備および訓練と警戒心の振否(しんぴ)とに比例する。特に輸送指揮官の熱意と指揮掌握の確否は直ちに乗船部隊全生命の安危に関することを銘心しなければならない。

第一章　乗船時における準備

第一節　乗船部隊

第三　機秘密書類など重要物件の整理並びに処断法を決定しておき、重要兵器には浮体を付け、海没を防止する処置を講じておく。

第四　退船計画を立案し、この徹底を期す。部隊が混乗する場合において特にそうである。また命中箇所による各種の状況を考慮し、誘導法に着意する。総員乗艇のための集合位置は、状況が許せば予備を設けておく。

第五　退船部署（方法と役割を決める）は具体的で綿密であることを要する。例えば甲板上に出る経路、順序、集合場所、組の区分、跳込順序、使用筏（艇）の決定など、あるいは各組に浮游物を配当しておくこと、船艙内の退避を指導するため指導者を定めておき、この指導者は常に船艙内にいさせること。退避の際におけるる人員の直接指揮者と重要梱包などの投入後の監視および収容などのための責任者とを定め、必要な人員をあらかじめ準備しておくことなどがこれである。

註一　組の区分は特に必要な場合にこれを設け、その人員は五人以上二〇人程度を適当とする。組の人員が少な過ぎると不安になって精神的に弱り、反対に多すぎると敵機の目標となるからである。

二　重要梱包には標識を付けるのがよい。

第六　乗船部隊は船舶機関（部隊）と連絡をとり、自らカポックその他の応用材料で救命浮器を作り、これを携行すること。

第七　部隊乗船にあたり輸送指揮官は将校を仮将校室に集めることなく、各船艙（室）毎に配置し、その船艙（室）の防火および灯火管制並びに遭難時における指揮を適切にさせることが重要である。このためあらかじめ連絡手段を講じておく。

第八　輸送船が敵の魚雷を受けると通常船内の電灯は消滅する。ゆえに暗夜の遭難時のため部隊はなるべく多くの懐中電灯などを携行することが必要である。ただし電灯の使用に関しては厳格に規定し、灯火管制に遺漏がないようにする。またあらかじめ消防班を編成しておく。

第九　遭難した場合に海上を漂流する際の食料を準備することが必要である。このため水密の缶または竹筒に乾パンを詰め、あるいは鰹節、罐詰、氷砂糖、キャラメルなどを携行する。乾パンを袋入のまま携行するときは海水のため湿潤し、使用困難となる。また水は多量に携行することが必要である。

第一〇　海上漂流間身体を浮器に縛着し、または各浮器を結合するためなどに、細紐および小刀を携行する。また浮游間鱶(ふか)除けのため六尺程度（約一・八メートル）の布（赤布がよい）を携行する。また浮游間各人を集合させるため指揮官用の簡単な標識を準備する。

註一　細紐（麻縄）は各人一本以上携行する。ただし水中においては解き難いので、あらかじめ結び方に注意を要する。

二　細紐は救命胴衣、水筒、雑嚢などの紐の上部から縛り、他方の端を筏などに縛着する。

三　小刀は縄により退船した場合、これを切断し、あるいは筏の製作にあたり縄を切り、あるいは罐詰を開けるなど用途が多い。

第一一　指揮官は船舶輸送間における諸注意を一兵に至るまで徹底させておくことが重要である。特に遭難時の処置に遺憾のないよう幹部以下に対し、特に脱出路、搭載品の配置などを知得させ、救命胴衣および救命具の用法に関する教育を徹底することを要する。また退避にあたり携行すべき個人装備並びに糧食、被服を規定しておく。

註　救命胴衣の装着法の一例は左のとおりである。

31　輸送船遭難時における軍隊行動の参考　部外秘　昭和十九年四月　教育総監部

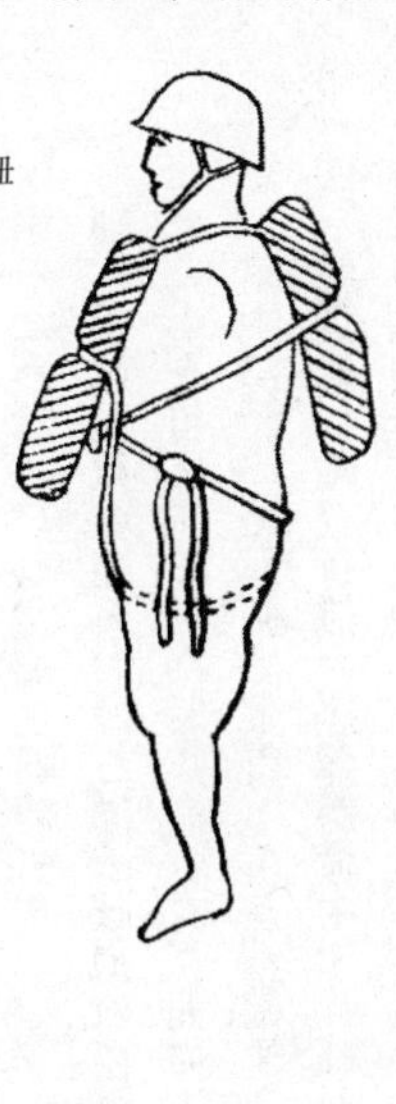

救命胴衣の装着法、側面図、後部の締紐を胸部付近で男結（一重結び）にする

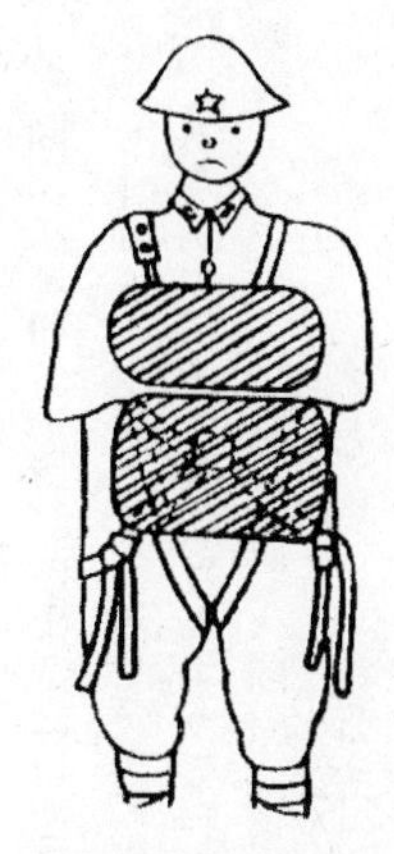

同、前面図、前部の締紐を前から股下に取り（綾にしない）、右左に回し寛骨（骨盤の一部）付近で後部の締紐と男結にする

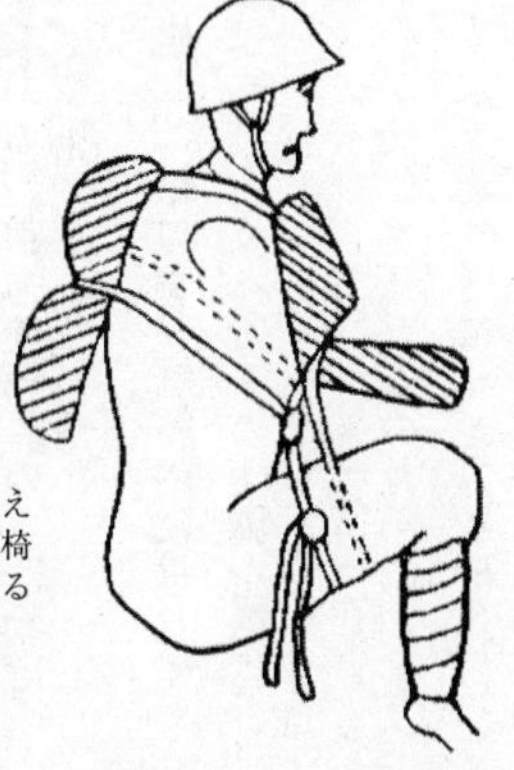

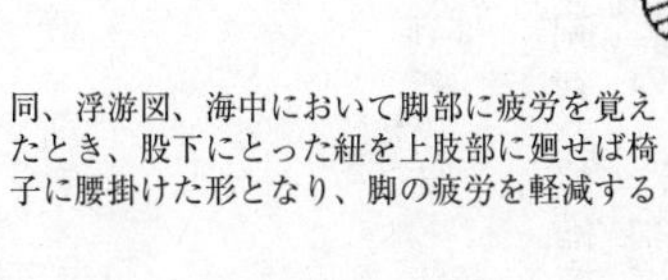

同、浮游図、海中において脚部に疲労を覚えたとき、股下にとった紐を上肢部に廻せば椅子に腰掛けた形となり、脚の疲労を軽減する

一　装着法は左図（注・前ページ）のように紐を股下に取ることを可とする（装具を救命胴衣の上から装着する）。海中に長時間あるにしたがい股の紐を上肢部に廻せば、あたかも椅子に腰掛けたようで脚の疲労を軽減する。

二　装着法図解

第二節　船舶機関（部隊）

第一二　乗船地船舶機関（部隊）は乗船部隊に積極的に協力し、懇切周到に所要の注意を連絡し、保安の万全を期す。

第一三　部隊の乗船にあたっては人員に応じる救命艇、救命浮器、救命胴衣を整備するとともに、多数の縄梯子を準備することが必要である。救命艇搭載の各器物は衝撃のため飛散しないよう固縛する。

縄梯子は遭難の際における梯子破損の場合を考慮し、艙口より船艙内に垂れておくことを可とする。なお救命胴衣、縄梯子などは船橋近くに若干の予備を準備し、暗中においても搬出し得るよう整備すること。

第一四　輸送船に敵飛行機の爆弾が命中すれば通常火災が発生する。このため船内各所に防火用水、防火砂をあらかじめ準備するとともに、送水管にホースを取付けておくなど消火準備を整えておく。

第一五　輸送船は敵の攻撃を受けたあとの応急修理のため、あらかじめ救難用セメント、角材など所要の材料を準備しておく。

無線機の空中線は魚雷命中の際の衝撃によりしばしば切断するので、予備空中線を準備しておく。

第一六　退船の場合を顧慮し、舷側に救命綱をなるべく多数吊るすよう、あらかじめ準備しておく。また搭載舟艇は海面が静穏なときは固縛を解いておく。

第一七　魚雷が命中すれば各通路および船室の扉は衝撃により歪(ゆが)みを生じ、開扉できなくなることがある。ゆえに扉は開放して固縛し、黒布などで扉に代えておくことがよい。また梯子などは通常飛散するので、これを固縛するか、その他の処置を事前に講じておく。

第二章　航行間における行動

第一八　遭難時の部署および行動は乗船後なるべく速やかに決定し、一兵に至るまで徹底させるとともに、その予習訓練を実施しておくことが重要である。また爾後の航行間においてもしばしば訓練することが必要である。

注　訓練の際の非常警報は実際の場合と混同しないよう、明確に区分することを要する。例えば訓練の際は銅鑼(どら)を使用し、実際の場合は号笛(ごうてき)あるいはラッパ号音を使用するなどの方法による。

第一九　輸送指揮官は航行間の服装を規定し、炎天下にあっても裸体を禁止する。また指揮官以下は装具、兵器、救命胴衣を常に身辺に整置し、事故発生の場合直ちに装着できるようにする。甲板上の各警戒兵において特にそうである。日朝(にっちょう)、日夕(にっせき)点呼その他集合時および要務のため甲板上などに出る場合は常に救命胴衣を装着させる。特に勤務者には装着を厳守させる。

第二〇　水筒には常に満水しておくとともに、退船の際の携帯糧食はあらかじめ分配しておき、直ちに携行できるよう準備しておく。

第二一　敵潜水艦の攻撃を受けるおそれがある危険海面の航行にあっては、所要に応じ夜間の就寝を制限または禁止し、退船時の服装で甲板上に待機させることがある。この場合警備員の警戒および伝令その他勤務者の通行を妨害しないよう処置（通視および通路開放）する。なお魚雷攻撃の衝撃により海中に墜落しないよう注意を要する。

第二二　危険海面の航行にあっては警備に任じる兵員の疲労が大きいので、輸送指揮官は適時交代するよう部署するとともに、絶えず志気を振張（ふるいおこす）し、警戒心を旺盛にするよう留意し、敵にわが警戒の隙に乗じさせないことが重要である。

第三章　遭難時における行動

第一節　遭難直後の行動

第二三　輸送指揮官は遭難時特に指揮を厳正的確に行うとともに、船長と密接に連絡を保持して、行動を決定し実行を判断するよりどころとし、沈着冷静に事態に対処することを要する。いやしくも周章狼狽し醜態を演じるようなことがあってはならない。

第二四　敵の魚雷または爆弾が輸送船に命中すれば輸送指揮官以下将校は特に沈着冷静速やかに部下を掌握し、船長と協力し兵員および船員を落着かせて、事故の位置と程度とを確認し、全力を尽くして修復に努めるとともに、救命艇の泛水（水に浮かべる）準備など救難の処置に遺憾のないようにすることを要する。

第二五　事故にあたり船員は勿論現場にある各指揮官も被害場所、程度などを直ちに輸送指揮官に報告する。船長はこれを確かめるとともに軍隊の協力のもとに全力を尽くして防火、防水に努め、いかなる場合においても最も冷静に船の運命を判断し、速やかに輸送指揮官に通報する。輸送指揮官はこれを全員に告知するものとする。

第二六　輸送船に敵の魚雷または爆弾が命中すれば、船長は速やかに輸送指揮官に連絡するとともに、船員を指揮して平素準備するところにしたがい、できるだけ速やかに応急修理を実施する。船艙内に浸水すれば機を失せず、隣船艙との隔壁を補強することに努める。

第二七　敵飛行機の攻撃により輸送船はしばしば火災を発生する。火災が発生すれば船長は直ちに船員を指揮して消火に努めることを要する。この際乗船部隊は消防班を出してこれに協力しなければならない。

火災はその初期に努力すれば消火できることを確信し、勇猛果敢に実施することを要する。この際付近の危険品特に弾薬に炎焼しないよう処置し、要すれば弾薬を海中に投棄してもよい。

第二八　重油船は雷撃と同時に重油を噴出し、海面一帯火の海となることがあるので、船の前進方向、潮流の関係などを考察し、危害を受けないよう注意を要する。

第二九　敵は輸送船遭難後にさらに攻撃を加え、あるいは飛行機と潜水艦が協力して

攻撃することがあるので、防火、防水に熱中しているときにおいても、一方では
さらに警戒を厳にすることが重要である。

第三〇　輸送船が遭難すれば護衛艦もしくは統制艦の指示を受けるものとする。無線機が損傷していないときは通信規定の定めるところにより、最寄の船舶通信所あるいは海軍基地に通信するものとする。

第三一　敵の攻撃を受けた際負傷者が生じれば、輸送指揮官は速やかに船内救護所に収容し、衛生部員に応急処置を実施させる。この際負傷者の志気を鼓舞することが重要である。

註　船内には二か所以上救護所を設定し、あらかじめ全員に知らせておく。救護所には衛生材料を分置しておく。

第二節　退船の要領

第三二　輸送船が沈没に瀕したか、あるいは消火、戦闘ともに不能となった場合における退船行動に関しては、乗船部隊高級先任の将校（輸送指揮官）は身をもって責に任じ、所要の命令を下達する。この際被害の程度、沈没に要する時間などにつき船長と密に連絡し、退船の時機を適切にすることが緊要である。

註　退船命令はスクリューの停止を確認した後に下すものとする。

第三三　退船時における軍隊の行動は軍隊の真価を発揮するものである。訓練精到で志気充実した軍隊は指揮官の号令にしたがい、整斉として退船し若干時間浮游した後、救命艇に収容され、損害は僅少であることを通常とする。

第三四　退船にあたっては携帯兵器を携行することを本則とする。時間に余裕がある場合においては火砲照準具、無線機なども携行することに努めなければならない。着のみ着のままで退船するのは武人の恥と心得るべし。帯刀本分（義務）者はややもすれば軍刀を流出しやすいので、携行法に注意を要する。

註一　将校の刀帯は上衣の上から着け、軍刀は紐で肩から負い、装具は腰に結着する。

二　小銃は負革を長くし、背中に負う。

三　弾薬は三〇発以内に止め、他は箱入のまま携行する。手榴弾は直ちに海水が浸透して効力を失うので、蠟（ろう）で密封することが必要である。

四　円匙（えんび）は楫（かじ）の代用として使用できる。

五　軽機関銃、重機関銃、擲弾筒および火砲はあらかじめ筏を携行し、縛着の準備をしておく。連隊砲一門は空ドラム缶六個で浮かせることができる。また兵器手入具はできるだけ浸水しないよう処置し、常に兵器に縛着しておく。

六　通信器材は乾パン、野菜缶などの空缶に収容してハンダ着けし、責任者を定めて携行する。

第三五　退船に決まれば暗号書その他の機秘密書類はあらかじめ準備するところにしたがい、確実に焼却または海中に沈下させる。この際後日のため証拠を残しておくことが必要である。

第三六　退船に決まれば装具を整え、救命胴衣を装着し、携帯兵器および糧食を携行し、甲板上に集合する。集合の際幹部は人員、服装、携行品を点検し、準備の状態を輸送指揮官に報告する。

第三七　海上を漂流する際最も必要とするものは飲料水、保温物および糧食である。このため入水（にゅうすい）にあたっては努めて厚着をし、水筒を用意し、缶詰その他の糧食を携行する。その他小刀、缶切、細紐、拡大鏡（マッチ代用）などを携行する。

第三八　退船にあたっては救命浮器を投下した後組を編成し縄梯子、ロープなどを利用し、順序正しく海中に入らせる。救命浮器は投入位置を限定し、投入により危害を生じないよう注意を要する。

重要梱包などの投入は跳込以前に行う。跳込は潮流の方向に行えば離船が容易である。
第三九　海中に浮游すれば指揮官を中心として各区分毎に集合する。この際標旗を利用すれば海中において指揮官の位置を認識することが容易となる。
第四〇　救命胴衣は前浮嚢を十分引き下げて浮游すれば浮力が大きく、かつ首を擦傷したり海水を飲むことが少ない。
第四一　遊泳ができない者は跳込を躊躇することがある。これらの者に対しては出港前救命胴衣を装着させて海中に投入し、自信を持たせておくことが必要である。この種の訓練をあらかじめ全員に実施した部隊は、遭難にあたり極めて良好な結果を得た例がある。
第四二　負傷者は救命艇に収容する。この際各個に救命艇に行動しないことが必要である。輸送指揮官は部隊の大部が海中に入ったことを確認すれば退船する。
第四三　浮游物には少なくとも一〇名以上で鏈鎖集結するのがよい。
第四四　浮游間は決して無用の力を用いることなく、身体を救命浮器に縛着し、波に身を任せ、静かに救助艇（艦）の到着を待つものとする。この際島を目視し、これに向い全力で泳ぐことなどはかえって心身を疲労させるのみで益はない。
幹部は兵の疲労防止、睡眠予防に絶えず注意する。このため軍歌を実施すれば効果が大きい。

第四五　敵は漂流中の者に対しても飛行機で掃射し、あるいは潜水艦が浮上して近迫してくることがあるので、皇国軍人として最後の処決を誤らないよう、平素から十分な覚悟を必要とする。

第四六　救助艇（艦）が来て救助されるにあたっては、先を争い無統制に陥ることなく、あくまで指揮官の命令にしたがい、順序正しく乗艦し、武人として先を譲る余裕があることを要する。救助艇（艦）に救助後幹部は直ちに人員を点検する。

第三節　北洋における遭難時の注意

第四七　北洋においては敵飛行機、潜水艦による攻撃のほか海象、気象が突発的に激変し、荒天または濃霧、流氷などのため船舶の遭難および損傷率は南海に比べて大きい。

第四八　遭難に際し過早に離船し、または狼狽して過早に海中に跳込むことは最もよくない。北洋においては夏季でも海水温度が零度内外で、寒冷のため心臓麻痺を起し、通常十数分以内に死亡するが、まれにそれ以上の時間にわたり入水したが救助された者がある。ゆえに入水時は努めて厚着をすることが重要である。

第四九　北洋において入水は致命的であるから、乗船部隊全員を収容できる救命艇を準備することが必要である。

第五〇　寒地救命胴衣は極めて有効であり、これを使用することが必要である。ゆえに乗船部隊はこの装着法を徹底的に練習しておくことを要する。寒地救命胴衣を装着し、海に入る場合には必ず頭部の頭巾を確実に装着することを要する。

第五一　北洋においては濃霧が多く、常に風浪が高いので、座礁する公算が大きい。座礁した場合には次に火災、爆発またはその他二重の事故を起しやすいので、この防止に注意を要する。

付録

その一　機秘密書類の非常処置要領

暗号書の保管

第一　暗号書類の保管者は将校であり、将校の命がなければ濫りにこれを処分することは許されない。部隊長は非常時の処置責任者（将校）を主任、副任的に二名以上指命しておくことを可とする。

第二　保管位置および容器は左のとおりである。

㈠　碇泊間においてはその監視に便利な位置とし、鍵を有する堅固な容器に収容する。

㈡　船内に通信所を開設し、作業のため使用中のもののほかは収容袋に入れておき、非常の際直ちにその処置ができるよう準備しておく。使用中のものは使用が終れば直ちに収容袋に入れるものとする。

註一　収容袋は強靭な布製（帆布製）で上部は麻縄で固縛できるようにする。紐は麻縄で取扱中または水中において切断のおそれがないものを選定する。木箱または公用行李は鉄製であっても容易に沈下しない。

二　袋には海水の浸入が容易なように数個の穴を穿ち、穴は破損しないように糸で処置しておくものとする。

三　袋には背負うために強靭な麻縄を付ける。これは暗夜などにおいて相当重量があるものを携行するには最も便利な方法である。

四　袋には甲板より海面に達する長縄を付け、非常に際しては縄で緩徐に（ゆっくりと）海面に吊下げた後、沈下させるもので、甲板上より直接海中に投入するときは、重錘により破損のおそれがあるので注意を要する。

五　袋の内部には書類の重量（袋の重量を含む）以上の重錘（石製なら二倍半、鉄製なら一倍以上の重量を有するもの）を常に入れておくものとする。たとえ携行避難の場合であっても、状況の変化に応じるため重錘を取除いてはならない。

六　携行暗号書が多量でやむを得ず行李、木箱などを使用する場合においても、重錘を準備し、穴を穿つなどの処置を講じておくものとする。

㈢　航行間における保管場所は船舶の構造並びに昼夜の別により異なるが、各責任者が常時居住する場所で出入口に近く、監視しやすいところを可とする。暗号書は収容袋に収容し金庫、机の引出などに収容するのは不可である。保管場所を室内に選定する場合においては雷（爆）撃などの衝撃により扉が歪曲し、開扉不能となった例があるので注意を要する。

非常処置

第三　輸送船の火災、沈没などに際し暗号書類を海没するか、焼却するか、あるいは携行避難するかは、一に当時の状況如何によるが、いずれの場合においても確実に処理し得る方法を選定することが重要である。

第四　焼却は数時間以上の確実な余裕がある場合においては特別認められるが、そうでない場合においては採るべき手段ではない。

第五　海没は最も簡単な方法であるが、重錘が軽過ぎるなど、事前の準備が周密でないときは潮流に流され、あるいは海中に浮游し、かえって敵手に陥る恐れが大きいことを肝に銘じることを要する。

第六　船体に縛着のうえ海没すれば安全なように思えるが、過去の戦役において某国は潜水夫を使用し、沈没艦船の機密書類を接収した例がある。現在のように敵潜水艦が跳梁する状況下においては、たとえわが近海であっても、特に深海でない限り厳に戒めるべき方法である。ただし暗号書宰領者などの人員が少数で、十数個あるいは数十個など多量の書類の搬送に任じる者は、この方法に拠るしかないことがある。この際はあらかじめ船長と協議し積付場所、方法などに関し考慮しておくことが必要である。

第七　収容袋一に対し必ず長以下三名以上の責任者を定めておくことを要する。

責任者

保管原簿の携行避難

第八　航行間にあっては如何なる場合でも指命された将校もしくは下士官は保管原簿

を常に身体に縛着しておくものとする。そしてその控（保管目録）は他の一人に所持させていることを要する。これは暗号書が事故のため敵手に陥る恐れがあるような事態が発生すれば、速やかに全機関に対しこの使用停止を命じ、機密の漏洩を防止しなければならない。しかし事故発生後自己が保管していた書類が如何なる種類のものか不明であるような場合においては、その処置を著しく遅延するおそれがあるからである。

第九　保管原簿は携行中万一流失などのため敵手に陥るとしても、実害はないものである。

非常時換字表

第一〇　非常時換字表は暗号書保安のため同一種類のものを多数（例えば非常用換字表よ号一号より四号）携行しないよう、必ず必要最小限（二個）とする。この保管場所は暗号書と別にし、非常時に際しては別に処理するものとする。

事故報告

第一一　暗号書の紛失、流失、海没、焼却などの事故発生の際は先ず速やかに電報をもってその顛末を報告する。この報告には必ず敵手に陥る恐れの有無並びにこれを実証するに足る事例、例えば「何号の袋に入れ、何号の重錘を付けている」などを記載する。

第一二　電報報告とともに速やかに左記様式により顛末書二通を調整し、部隊長に提出する。

暗号書海没顛末書

一、海没書類名
別紙目録のとおり

一、海没年月日時（推定の場合はその旨付記する）
昭和何年何月何日何時

一、海没場所（推定の場合はその旨付記する）
何島何方向何浬

一、海没原因
本船は何月何日何時（最終出帆港）出帆何港に向い航行中、前記の場所において敵潜水艦の雷撃を受け、約五分間にして沈没す

一、状況及処置

雷撃は第二番船艙に命中、浸水のため船体は徐に沈み、沈没は免れる能はずと判断す、このとき救命艇の大部は破損のため使用に堪えず、しかも付近に何等救助を受くべき地物もなき洋上なるを以て、暗号書を海没するに決意し、収容袋（一連番号何号）に暗号書、重錘（一連番号何号何製）を入れ、あらかじめ準備しありたるものを何某大尉監視の下に何某完全に海没せり

（詳細に記載し要すれば要図を付す）

一、その他参考事項

本船沈没後薄暮なりしも海上概ね平穏なり、付近海上は念のため警戒せしも何等書類浮揚を認めず、完全に海没せるものと認む

第一三　輸送船遭難の報を受けた部隊はあらゆる手段を講じ、この報告に任じることを要する。

その二　輸送船の浸水及沈没の状況

第一　輸送船に浸水した場合、沈没するか否かは残存浮力と復元力との関係による。

これを実例に見ると左のような場合がある。

㈠　機関室に浸水し水位は下甲板に達したが、他の船艙に浸水しなかったため、船体がわずかに沈下したのみで傾斜することとなし。

㈡　第一弾により機関室に浸水し、第二弾により第四番船艙に浸水し、第三弾により第一番船艙に浸水したが、防水扉は完全で第二、第三、第五、第六番船艙には浸水を見ず、海上は平穏であったため、左舷に一八度傾斜したまま沈没を免れた。

㈢　触雷により船首艙に急速に浸水し、船首を突っ込んで三分間で沈没した。

㈣　第四、第五番船艙に魚雷が命中し、船底車軸隧道（機関室と推進器間の車軸室）および第四、第五番船艙隔壁を破り、第四、第五番船艙に浸水するとともに、車軸隧道より迅速に機関室に浸水し、八分で全没した。

㈤　魚雷が機関室に命中し、同室に浸水したがほとんど傾斜することなく、水深一五メートルの泊地に短艇甲板を現して半没した。

㈥　航行中船尾艙に魚雷が命中し、同船艙に浸水して船尾吃水を若干増加したが、全速で陸岸に突進し擱坐した。

㈦　特殊の輸送船で防水区画不完全のため、雷撃浸水にあたり十数メートルの浅海にもかかわらず横倒れとなり、全没した。

㈧　雷撃の損傷は僅少だったが、雷撃にともない火災を起し、二時間後全没した。

(九) 第一番船艙の焼夷弾が自然発火し、三〇分後同船内の弾薬が破裂したが、吃水に変化なく、二時間後第二番船艙の弾薬が破裂し、三〇分後同船艙が大爆発して瞬時に船影を没した。

第二 輸送船沈没に際しては通常船首、船尾、右舷、左舷の何れかに傾斜して沈没する。その際起る現象の主なものは左のとおりである。

(一) 船体の沈下にともない水線上の船艙内の空気は次第に圧縮され、終には圧縮空気のように艙口その他の間隙から噴出し、器物を飛散させる。船体沈没の後にはあたかもサイダーのような泡沫を湛える。

(二) 船体沈没の後にはその容積を補うため四囲の海水が陥入して大きな渦流を生じる。この渦流の吸引力は大きく、付近の入水者、浮遊物を捲込むのは勿論、泛水した救命艇をも転覆させ、あるいは捲込むことがある。渦流の大きさは船が大きいほど、水深が深いほど大きく、かつ船首を突っ込み沈没するときは船尾を突っ込み沈没するときより大きい。渦流の威力の及ぶ範囲はその大きさにより異なるが、救助の点から一般に五〇メートルとするのを可とする。六〇〇〇トン級船首を突っ込み沈没する場合、経験によれば渦流は比較的小さく、沈没する位置より二〇メートル付近にいた者数十名は海中深く捲込まれ、数分で自然に浮き上ったが、泛水した救命艇には大きな影響はなかった。浮遊物は渦流に捲込まれた後非常なる勢いで突当たるように浮上した。また第二、第三番船艙に魚雷が命中し、一五分で完全に横倒しとなり、二五分で沈没した際の渦流は大きくなかったという。

その三　救命器材の価値

救命艇

第一　救命艇は完全に泛水すれば波高二メートルまでの海上においては救難上最大の価値を有する。しかし輸送船の遭難に際し救命艇の泛水に際しては左のような支障がある。

㈠衝撃のため通常救命艇の半数以上は破損する。

㈡救命艇の泛水には通常五分内外を要し、沈没が迅速なときはサイドボート（舷側に取付けられている小型ボート）を泛水し得るに過ぎない。

㈢サイドボートの泛水も周章狼狽のため船首、船尾の降下不斉となり、終に泛水できないことがある。

㈣泛水した救命艇も渦流に捲込まれるか波浪のため転覆するか、あるいは笊（ざる）のように漏水して使用に堪えないものがある。

㈤ 固縛した救命艇は固縛を切断しないときは船体とともに沈没する。

㈥ 上陸用舟艇は遭難に際し救命艇に使用できるが、この泛水には昼間は五ないし一〇分、夜間はさらに多くの時間を要し、揚貨施設が破損したときは泛水不能に陥り、また揚貨施設に損傷がなくても船体の傾斜のため泛水困難となるのが通常である。

戦例一

約一三隻の救命艇を有する貨客船が雷撃を受け八分で沈没した際、サイドボート四隻を泛水したがそのうち一隻は転覆した。固縛した救命艇九隻中大部は破損したが、破損しなかった数隻の固縛を切断しておいた中一隻は船体の沈没にともない完全に浮かび、全員を救助することができた。

戦例二

揚陸作業中の某輸送船が大火災を起し、サイドボート二隻中一隻に患者を満載して泛水中船尾は船首にしたがわず、搭載中の人員をことごとく転落させ、切断泛水後は船首を海中に突っ込んで多量の水を入れたまま辛うじて浮かび、若干の人員を救助することができた。また他の一隻は黒煙濛々たる中に泛水、作業人員はわずか二名だったが、船首船尾の両索を同時に切断して完全に泛水することができた。

戦例三

機関室に魚雷が命中して左舷に傾き、一五分で沈没した某客船においては、舷外に懸吊した救命艇一一隻中三隻、小発二隻中一隻は粉砕され、救命艇は小発一隻を泛水できたが、固縛救命艇四隻は泛水の遑（いとま）がなかった。

戦例四

第二、第三番船艙に魚雷が命中し、二五分で沈没した某客船はサイドボート八隻全部と舷外の小発一隻を泛水できたが、艙口蓋上の大発は泛水不能だった。因みに各救命艇は泛水に夫々五分程度を要した。

救命艇はわずかにその一部を利用できるに過ぎず、しかも輸送船の大部は貨物船であるから二ないし四隻の救命艇を有するに過ぎないので、輸送船の沈没に際しては救命艇による人員の救助はほとんど期待できず、かつまた多数の上陸用舟艇を有する場合においても、この泛水は困難であるので、人員の救助に利用できないことが多い。

救命浮器

第二　救命浮器はその浮力が大きく数十人の救命に適し、かつ波浪が大きい場合においてもその価値を減じることは少ない。しかし人員の退船入水に際し救命浮器をいかなる時機、いかなる位置に投入すべきかは研究を要する。即ち船体が移動しているとき人員の退船と救命浮器の投入とがその時を異にする場合入水者は救命浮器への到達に大きな努力を要する。船体が停止しているとき同時に投入すれば入水者を負傷させる恐れがある。一般に入水直前に投入するのを可とする。

救命胴衣

第三　救命胴衣の浮力は防水性が完全なとき実験上一人の体重を二四時間支えることができる。しかし陳旧（古い）で防水不完全なとき、入水者は熱帯地方の海中においても寒さを感じるため、これを胸に抱くのを常とし、漸次気泡を放ってその浮力を減じる。水温二二度の海中における入水者数百名の経験によれば、カポック製救命胴衣の使用価値は約二時間である。救命胴衣はその全浮力を利用することが緊要であるから、その前後両面を胸背に固着し、水中においては立位をとることが必要である。

その四　退船及水上救助上の注意

第一節　退船及水上救助上の障害

第一　船艙内に在る人員は敵弾の直撃または衝撃にともなう諸現象により多数の死傷者を出し、通路を阻まれ船艙の脱出には相当の困難をともない、これに多数の時間を要する。特に夜間暗黒のときまたは船体がいずれかに傾斜して階梯（船内や船外の階段）が急峻になるときは、船艙外脱出は極めて困難である。

船体全没に至らない場合においても浸水した船艙より脱出が遅れたときは甲板裏に吸着され、救助不能となる。

船艙外に脱出した者も甲板上が暗黒であるため集合位置に至ることは困難で、しばしば大きな混雑を来す。

船内に火災が起ったとき船艙内は黒煙に満たされ、脱出が遅れた者は失神するに至る。この救助に向う者は装面することが必要である。

第二　退船の方法には左の三方法がある。

㈠　舷梯または索梯により救命艇に移乗し、あるいは入水することがある。索梯移乗は訓練が十分でない部隊においては多くの時間を要し、沈没が迅速なときは時間に間に合わないことがある。

㈡ 綱索により移乗または入水するときは通路を増加し、避難を迅速にする利があるが、掌を擦傷する恐れがある（手袋を使用すれば可）。

㈢ 甲板より直接水中に跳込む方法は退船を最も迅速にできるが、着水に際して睾丸を打ち、あるいは救命胴衣により顔面を打ち気絶あるいは鼻血を出すことがある。跳込は五、六メートルの高所から行うが、救命胴衣を固着し、両足を開けば潜水は二メートル内外に過ぎないので恐れることはない。この際呼吸を停止して実施する。

第三 海表面の水温は熱帯地方であっても外海においては三〇度を超えることは少なく、平均水温は二八度程度で、体温には遠く及ばない。ゆえに熱帯地方においても薄着をして入水すれば次第に体温を失い、寒さを感じるのが通常である。特に救助された際は悪寒を感じ大多数は感冒に罹っている。これに反し極寒地においては気温零下二〇ないし三〇度に下っても海水の結氷点は概ね零下二度で、それ以下の温度に下ることはない。外気の温度は著しく降下する場合においても海面の状況特に風速、海流、波浪などの影響を受けて結氷しないことがある。このような海中に跳込んだ者は寒さを感じるのは勿論であるが、厚着をしていれば入水当初はむしろ外気に比べて温かく感じ、三〇分内外の入水に堪える。凍傷予防上注意すべきは救助後の処置である。

第四　船体が移動しているときは船側に沿う一つの流れを生じ、船体に向って吸着性を生じる。また推進器はその回転の方向に吸引力がある。即ち右回転の推進器は右側のものを吸引し、左側のものを排撃する。双暗車（二重反転スクリュー）の場合においては右側のものは右回転、左側のものは左回転しているので、船尾に向いどちらの側から接近しても推進器に吸引される。

第五　航行中輸送船が遭難するときは直ちに機関を停止するのを通常とし、船体が停止するまでには五分内外を要する。また船体が停止しても風波が大きいとき船体は風下に向い流される。ゆえに風波が強い場合風下に入水する者は船体から離隔することが困難となり、風上に泛水した舟艇は移乗が容易でなく、入水して沈没する船体の近くに在る者は渦流に捲込まれ、危険に瀕することがあるので、速やかに船側を離れることを要する。

第六　入水して力泳する者は体温を失い、疲労し、溺水する者が多い。また入水者が輸送船の沈没現場付近にいないときは救助を著しく困難にする。その他入水者が特に注意すべきは鱶の襲撃である。稀に搭載中のカーバイド（アセチレンガスの原料）が発火して入水者を火傷死させ、あるいは重油が海面に浮かび、入水者を苦しめることがある。

第二節　退船上の注意

退船の準備

第七　救命艇に対する準備は左のとおりである。

㈠　船底の漏水を防止する。特に乾期の南方においてはしばしば泛水するか、または艇内に撒水する。

㈡　状況の許す限りサイドボートを増加する。

㈢　短艇鈎索具および固縛索具の切断に要する器具（なた、ちょうな）、水を掻い出すバケツなどを準備する。

㈣　各艇の定員に応じる携行糧食および清水は常に準備点検し、要すれば更新しておく。

㈤　各艇には所要の毛布を準備する。熱地においては少なくとも艇内全面を被うに足る枚数とする。

㈥　標識あるいは信号のための手旗および夜間手旗を準備する。

(七)　各艇には若干の繃帯材料を準備する。

第八　集合時の服装をどのように定めるべきかは海洋航行中であるか、陸岸近くを航行中であるか、敵前上陸中であるかにより異なるのは勿論、海洋航行中僚船または救助船の有無によっても異なる。そして服装は五分内外で船体が沈没する場合における人員の救助を目標として決定することを要する。

第九　各種の場合における服装は概ね左のように区分し、その都度下達する。

(一)　大海航行中はそのままの服装とし、危険海面航行中は努めて単独の軍装をなし得るよう待機する。警急集合の後総員退船と決定すれば僚船、救助船の有無、舟艇泛水の状況にもとづき、将校は長靴を捨て、あるいは軍刀を負うなど適宜移乗または入水の服装を定める。

(二)　陸岸近くを航行中は単独の軍装を原則とし救助の有無、陸岸への距離により前号同様適宜服装を定める。

(三)　敵前上陸中は軍装を本則とし携行糧食、水筒、武器などを携行する。ただし入水する場合付近に救命艇がなければ小銃と背嚢は除外する。

第一〇　救命艇は全部泛水し得るものとして一応配当する。ただし如何なる場合においても指揮艇および患者救護用として各一隻を配当する。

退船の実施

第一一　救命艇および舟艇は速やかに泛水し、泛水の遑がないときは固縛を切断する。特に指揮艇および患者用救命艇が破壊されたときは適宜他の舟艇の使用区分を変更して、これに充当する。

救命浮器は綱索により数個連結したまま応急投入し、投入の遑がないときは固縛を切断する。また泛水した舟艇は波浪が高いときは風下に接舷し、人員搭載後離舷する。

第一二　入水に際し執るべき処置は左のとおりである。

㈠　沈着を旨とし、入水はすべて指揮官の号令による。

㈡　跳込の位置は船体より離隔しやすい位置、即ち船首または船尾で風上を利とし、船体に惰力があるか、または海流に流されて移動しているときはその反対方向への跳込を有利とする。着水位置は船体より少なくとも二メートル離れ、推進器に捲込まれないように注意する。ロープにより入水するときは手袋または手拭にて掌を保護する。

㈢　跳込むときは指揮官の命ずる服装をして、救命胴衣を固着して先ず落着き、舷側より二メートル先を目標とし、左手で睾丸を抑え、右手で救命胴衣の前片を抑え、両足はなるべく開き、呼吸を停止して一気に跳込む。

第三一　入水後船体が沈没に瀕したら速やかに船体より約二〇〇メートル離隔しなければならない。その後は救命浮器その他の浮遊物に掴まり、体を浮かせる以外の努力をしてはいけない。鱶の襲撃に際しては六尺褌を垂れるのが有効という。船体沈没後はその付近に密集して救助を待つものとする。

第一四　救命艇に救助された後は身体の保温に努める。陸岸より遠いとき救命艇は力漕することなく、遭難現場付近に集結し救助を待つ。波浪が高いときおよび夜間は救助船に対する合図に留意すること。

退船後の救助

第一五　退船後の救助担任は左のとおりである。

(一)　護衛船団においては遭難船の救助は護衛指揮官の定めるところにより、通常海軍艦艇がこれを担任し、状況により空積病院船がこれを実施することを可とすることがある。

(二)　護衛艦のない船団または単独輸送船の遭難に際しては僚船がこれを救助するか、

あるいは警報により海軍艦艇または他の救助船がこの救助に赴くのを通常とする。

㈢ 上陸作業中水上における救助は揚陸作業隊長の編成する水上救助隊により実施する。状況により病院船衛生班に水上における救助を援助させることがある。この際病院船衛生班は主として患者の救出に任じ、病院船には海上において収容した患者を応急的に収容するか、あるいは他の輸送船および救護船に一時収容した患者の中で、重症者を移乗させる。

病院船衛生班より遭難船（火災、沈没をともなうもの）救助のため、水上救護班（将校以下一〇ないし二五名）を派遣させることがある。

揚陸作業隊の水上救助隊は上陸開始前から救護艇に乗込み、これを数個班に分けて各々救助担任区域を定め、海上に待機することを要する。

泊地において一輸送船が敵の攻撃を受け、総員退船を決定したときは、この救助のため当該輸送船の揚陸を担任する揚陸作業隊（船舶工兵隊）がこれを実施し、状況により隣接輸送船の舟艇がこれを援助することがある。

㈣ 水際における患者は上陸部隊が自ら救急処置を行い、陸岸に前送することを本則とする。ただし上陸部隊の作戦上特に必要と認めるときまたは地形上前送不能の場合、これを収容するため水上救助隊に援助させることがある。

第三節　患者の救助

第一六　船艙内より患者を救出するには護送して脱出させることを本則とする。速やかに担送すべき患者であっても、艙口脱出の唯一の通路である階梯を担架で搬出すれば、全般の救護を著しく阻害する。このため多少の無理があっても担送患者はできるだけ一人または二人搬送とし、時間の余裕があるときは担架、応用担架、簀子（すのこ）式担架、箱、もっこなどを使用する。運搬具がないときは南京袋、ハンモック、携帯天幕（三枚重ねとし四隅の環に綱索を通す）をもって吊上担架の代用とし、網もっこに艙口蓋板を載せたもので箱もっこの代用とし、それぞれ滑車またはウインチにより運搬する。火煙中から患者を救出するには作業員は防毒面を装着することが必要である。

第一七　患者の退船要領は概ね左のとおりとする。

㈠　患者を救命艇に移すには短艇甲板の直下の甲板に集合させ、救命艇を卸下（しゃが）して患者の位置に停止させ、患者を搭載した後泛水する。

㈡　患者の舟艇移乗に余裕がない場合は救命胴衣を装着させ、水中に投下するのもやむを得ないことがある。

㈢　患者舟艇移乗に若干の余裕がある場合においては、独歩および護送患者は舷梯より救命艇に移し、担送患者はウインチおよび各種担架、もっこ類を用いて救命艇に搭載し、またウインチ使用不能のときは滑車または各種担架を用い、甲板もしくは舷門より直接救命艇に搭乗する。

輸送船より患者を救命艇に移す場合および船内における患者運搬法中最も迅速で確実なものはウインチと梯子式担架を用いる方法および患者の手運法である。

第一八　入水患者の救助要領は概ね左のとおりである。

㈠　患者に意識があれば救命浮環（一〇メートルの綱索を付ける）を投下し、患者に掴ませて引寄せ、救命浮環を舷側に固定し、患者はこれを踏台として救命艇内に入らせる。

㈡　患者の意識がないときは救命艇を接近し、鉤竿により患者を引寄せ、救助者二名は向かい合って舷に跨り、溺水者を引上げる。もし救命艇の舷が高ければ作業員は綱索を腰に巻付け、船内で支えさせて舷外に乗出して救助する。

第一九　水際における救護法は概ね左のとおりである。

㈠　砂浜における収容法

救命艇を砂浜に達着させ、歩板（あゆみいた）を下し、あるいは防楯を倒し、前方から収容する。

(二) 桟橋における収容法

救命艇に対し担架を直角に運び、障害通過の方法に準じる。

(三) 遠浅海岸における収容法

救命浮器に患者を載せ、救命艇まで運び、舟艇内に収容する。

(四) 捲波海岸における収容法

捲波が五〇センチ以上であれば作業は著しく困難となるが、患者は四人担架で運び、捲波を生じる地点より数メートル沖に救命浮器または小舟を停め、ここまで担送して転載し、さらに救命艇に収容する。

(五) 断崖における収容法

断崖より直接舟艇に収容するには舟艇と断崖上の支柱との間に命綱を張り、簀子式担架、シャックルおよび滑車を用いてケーブルカー式に救命艇内に収容する。

(六) 石花礁海岸における収容法

石花礁（せっかしょう）海岸（岩礁）の満潮時は遠浅海岸と同様である。ただし石花礁は凸凹が多く、転倒の危険があるので作業員は杖を使用するのがよい。

干出しの死礁（干潮時に現れる石灰質の隠れ岩）は滑走しやすいので、担送にあたっては注意を要する。一般に石花礁海岸はその複雑な地形により、救命艇の達着は困難で、わずかの波浪がある場合においても救命艇を動揺破損させ、作業は著しく困難である。ゆえに救命艇は石花礁の切目に相当する砂浜を発見し、これに舟艇を達着させ、患者を収容するのが安全である。

(七) 水際樹海岸における収容法

水際樹（マングローブ）海岸における患者の収容は極めて困難である。ゆえに水際樹海岸の所々に散在する小水路を求めて、これを使用するのが有利である。

その五　漂水要領

第一　入水後は速やかに船舶より少なくとも三〇メートル離れることを要する。このためできれば風向、潮流、船体から流出する油脂類の方向などを考慮して入水する舷側を選び、また沈みつつある反対側より入水するなどの注意を必要とする。

第二　漂水部署に移る順序（巻末附図参照）

分隊長は通常先頭にあって入水し、小旗その他目標となる物でその位置を明示し、隊員の集結に、また隊員は分隊長の位置に集結することに努める。

分隊の集結が終ると先ずその沈静を図り、人員を点検し、分隊を掌握する。次

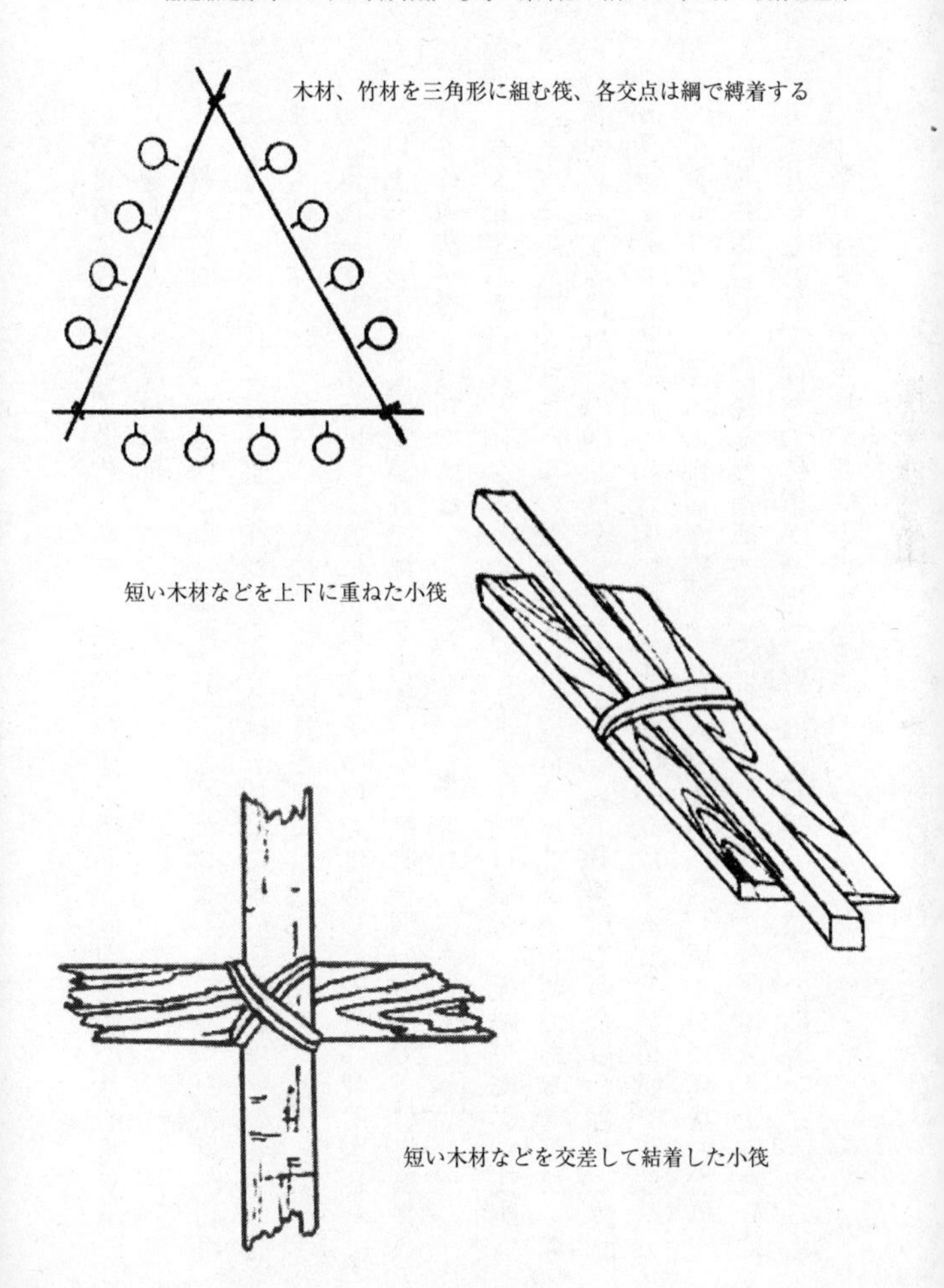

木材、竹材を三角形に組む筏、各交点は綱で縛着する

短い木材などを上下に重ねた小筏

短い木材などを交差して結着した小筏

いで付近に筏その他浮遊物があるときは、遊泳が巧みで体力旺盛な者に速やかにこれを収集させ、筏を組む。

第三　木材、竹材などで筏を作る場合は浮力が大きくかつなるべく多くの人員が利用できるよう第一図（注・前ページ）のように三角形に組み、兵員はその各辺に掴まるものとする。一分隊のためには一辺の長さは概ね三メートルを必要とする。短いものは第二、第三図のように結束し、その浮力に応じた人員に利用させる。

以上三種の中最も安定良好で浮力が大きいものは第一図の方法で、材料が許せばこの方法が最も有利である。

第四　筏に集まる兵員は身体をこれに縛着し、波浪または疲労（仮睡）により筏から離脱するのを防止する。このため各人縄を携行することが必要である。ただし身体を縛着するにはその綱を筏から少なくとも一メートル以上の余裕をとり、波浪が大きいときに筏とともに水中に捲込まれないようにすることが必要である。

第五　分隊が集結し、漂水の部署が完了すれば人員を点検し、速やかに異状の有無を小隊長に報告し、爾後その指揮の下に行動する。熟練した分隊は入水より数分にして集結を終り、浮材の位置が適当であれば筏を組み、漂水の部署を完了するまで十数分をもって実施することができる。

三角筏の移動要領

片腕或ハ兩腕ヲ以テ浮材ヲ抱ヘツツ横泳或ハ背泳ニ似タル泳法ヲ以テ泳グ

浮材ニ兩手ヲ托シ平泳ニテ押シツツ前進ス

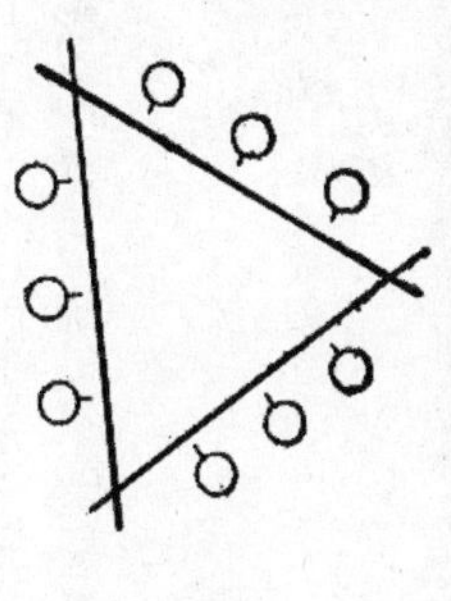

第六　筏による分隊の移動要領は左のとおりである（注・前ページ）。

筏の水に対する抵抗が少ない部分を行進方向に向け（三角筏においては頂点）、各人は片手もしくは両手を筏に托し、分隊長の合図により全員一致の游泳動作を行い、筏を曳行し、所望の位置に至るものとする。

その六　浮游具の一例

一　小型背負子による筏組立

㈠　資材および方法

小型背負子三個を一・五メートルの竹棒三本で図のように結着する。

竹棒はできるだけ太いものがよい。

結着は背負子の荷綱もしくは小綱を用いる。

金具が付着したものは下方に向ける。

㈡　実験結果

竹棒の直径一〇センチ以上のものは救命胴衣、装具（水筒二、雑嚢、鉄帽）を装着した兵四ないし五を浮かすことができる。

二　書類行李用筏

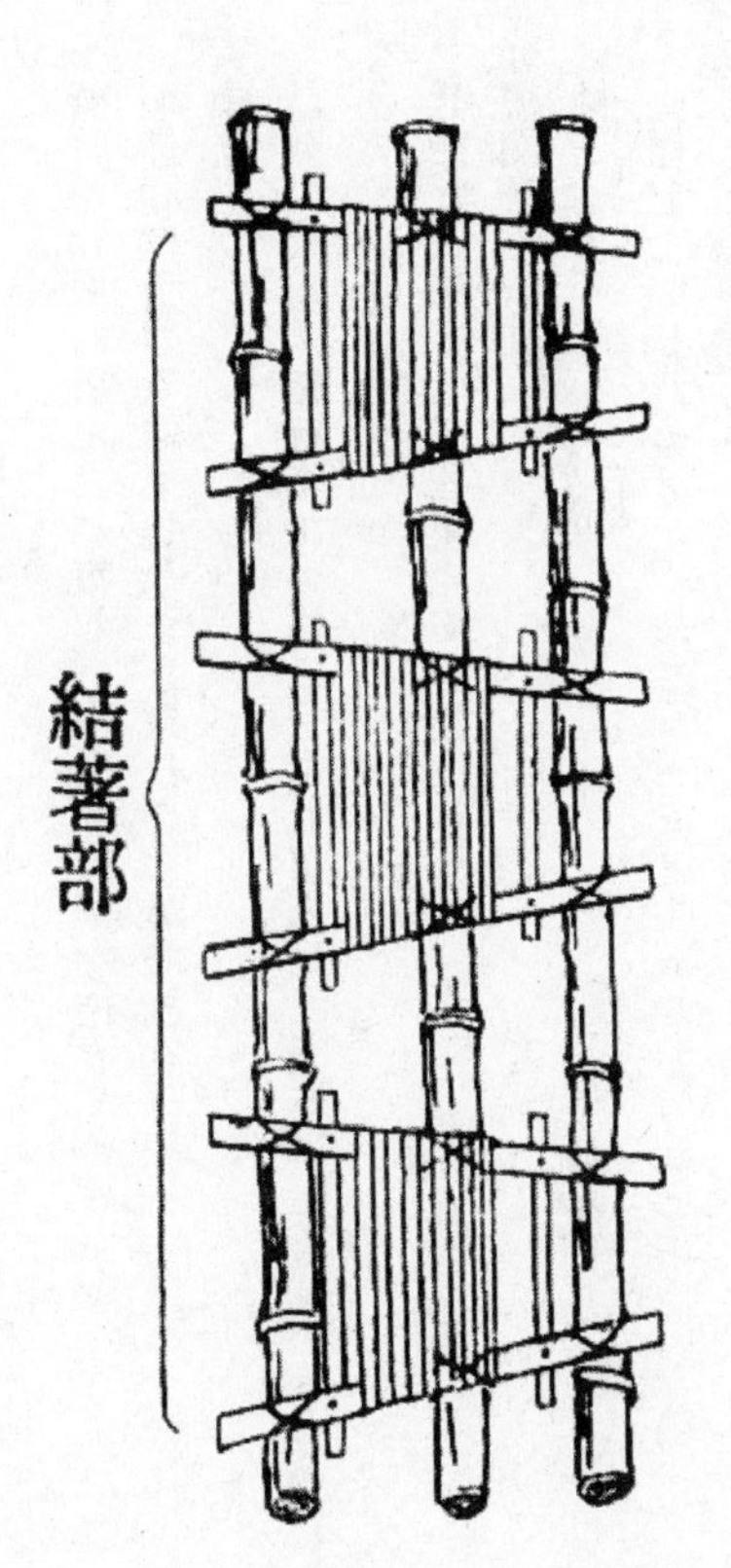

小型背負子による筏

㈠　資材
　直径一〇センチ、長さ一・五メートルの竹棒四本
㈡　方法
　資材を井桁に組んで結束し、中央に行李を結着する。
　準備間は竹のみ結束したまま畳むことができる。
㈢　実験結果
　試験は代用木製行李に砂約二〇キロを入れて実施した結果、浮力が大きく良好である。
　兵四ないし五名が掴まっても沈没しない。
三　軽機関銃浮游具
㈠　資材
　直径七ないし八センチ、長さ一・五メートルの竹棒三本
㈡　方法
　資材を三本一まとめに結着した浮游具に軽機関銃を結着し、小綱で体に繋ぎ浮游する。
㈢　実験結果

試験は円匙、十字ぐわをもって代用実施した。
海中において集合すればこの浮游具で筏を組み、人員の浮力幇助とすれば有利である。

四　小銃浮游具
㈠　資材
直径七ないし八センチ、長さ一・五メートルの竹棒一本
㈡　方法
中央部に小銃を結着し、小綱をもって体に縛着し、浮游する。
㈢　実験結果
前項に同じ

五　小銃浮游具
㈠　資材
背負子一
㈡　方法
資材の中央部に小銃を結着し、小綱をもって体に縛着し、浮游する。
㈢　実験結果

試験に円匙二をもって代用実施した。
人員の浮力補助とするためには両側に一メートル以上の竹棒を付ければよい。

六　小銃浮游具

㈠　資材
長さ一・五メートル、直径一〇センチの竹棒
長さ六〇センチの小綱三本

㈡　方法
主として携帯兵器を結着し、さらに組み合わせて筏とする。

㈢　実験結果
試験に円匙、十字ぐわを決着した。
この竹棒に銃を付けたとき、救命胴衣を着けた兵一名に対しては十分な浮力を有し、三ないし五本をもって筏に組み合わせれば五ないし一〇名を支える浮力を有する。その組み合わせ方は四角形に結着することを可とする。

七　圧搾口糧梱包

㈠　制式梱包のまま浮游させる。

㈡　実験結果

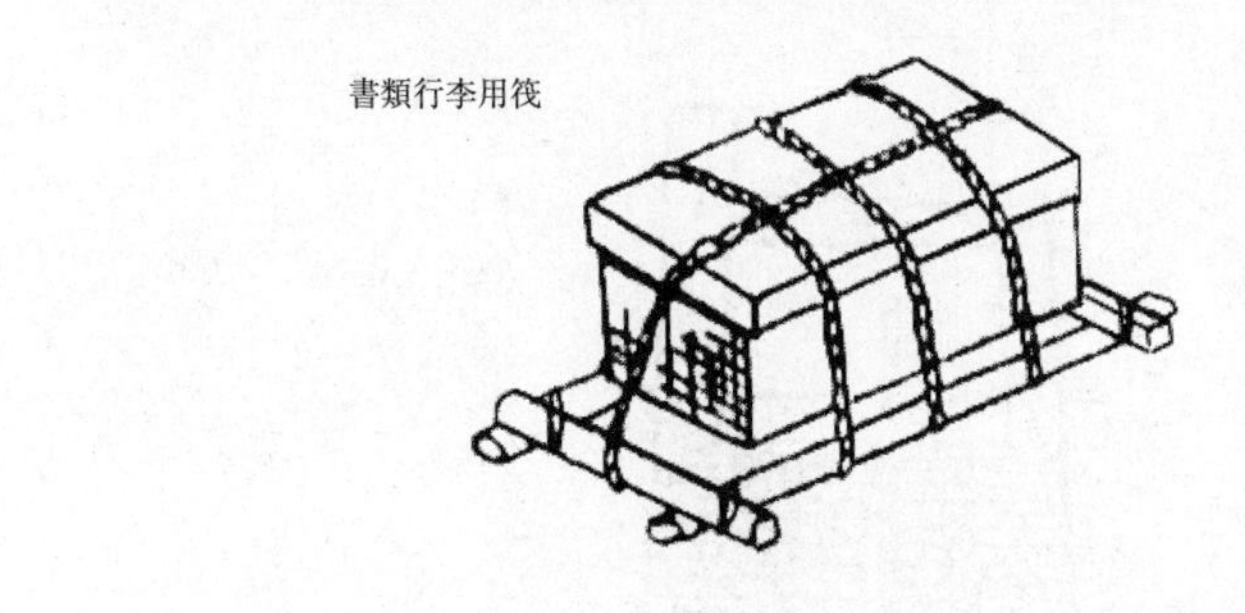

書類行李用筏

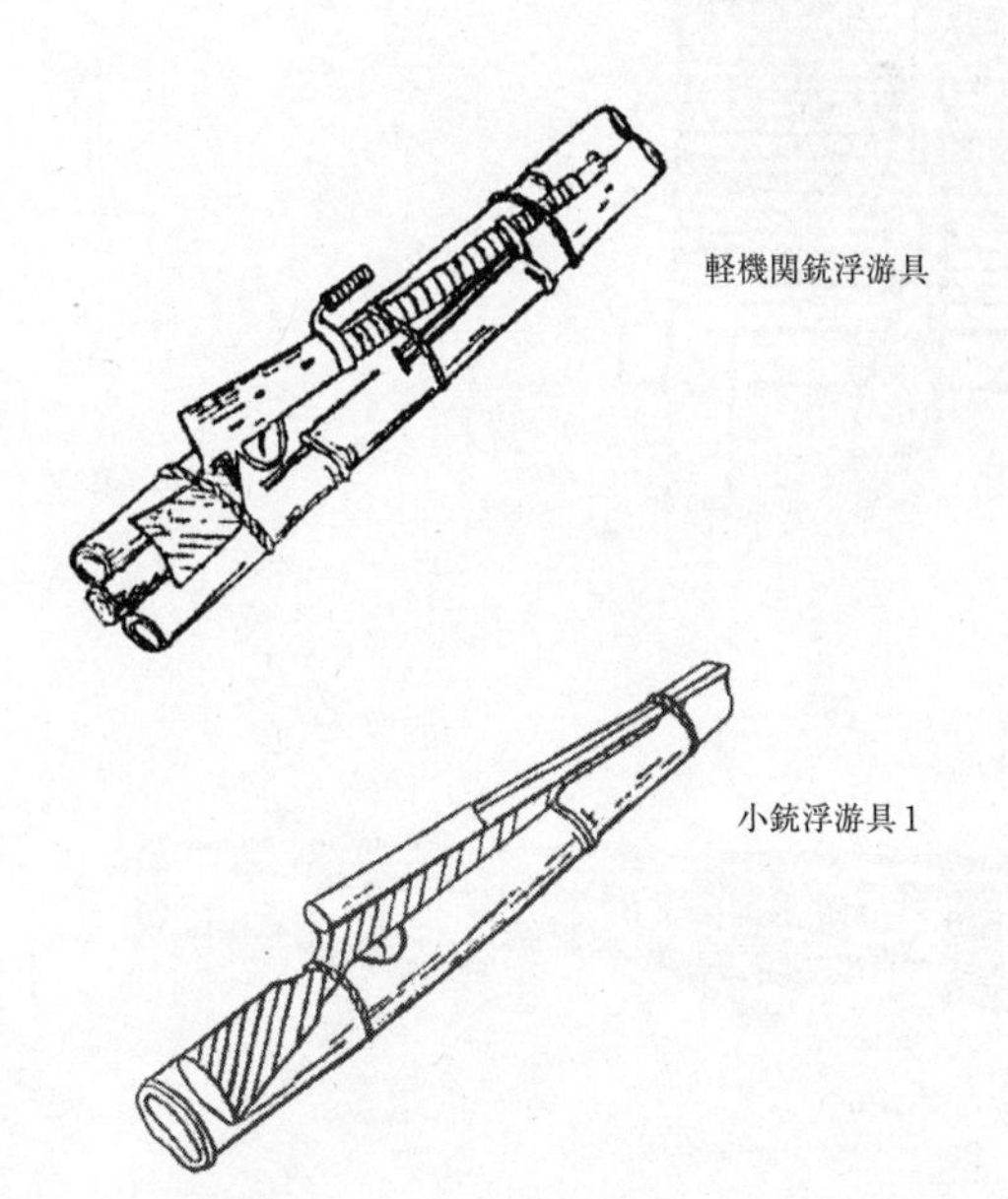

軽機関銃浮游具

小銃浮游具1

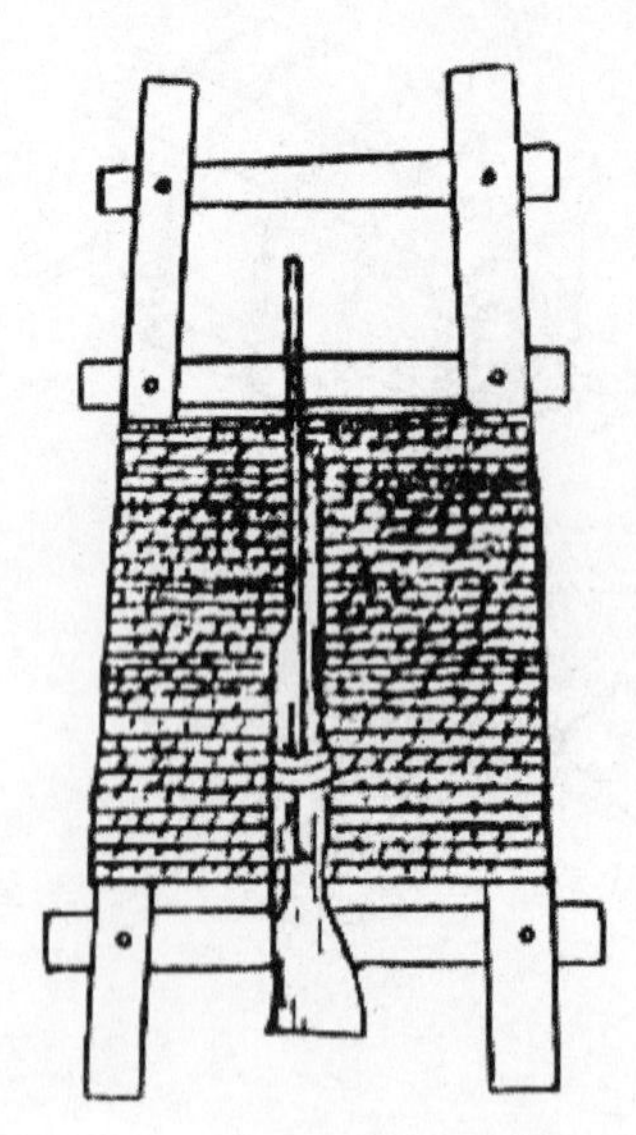

小銃浮游具 2

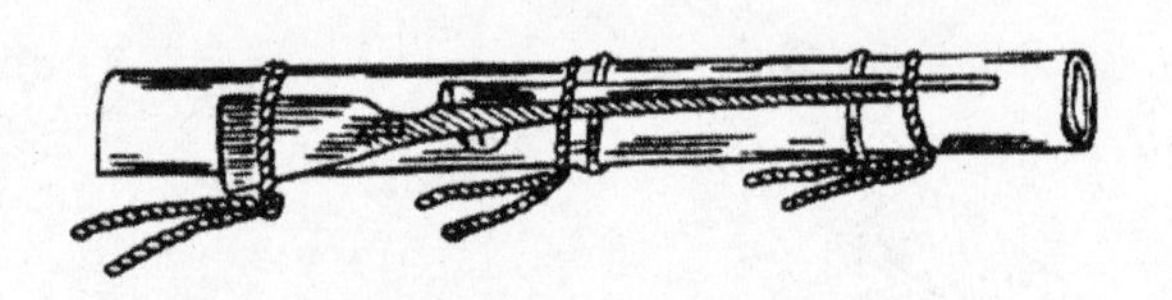

小銃浮游具 3

浮游は完全である。

人員二名を支える浮力がある。

八　竹筒

㈠　資材

長さ一・五メートル、直径一〇センチの竹棒一本

長さ一・五メートルの小綱二本

㈡　方法

細綱を二本結着して首に懸け、竹棒を枕にして浮游する。

㈢　実験結果

逆に腹部に廻しても浮力があり、また綱を股の下に入れると腰掛けたように脚部が楽になる。組み合わせて筏にすれば有効である。

九　竹筒（精米填実用）

㈠　資材

長さ三〇センチ、直径七センチの竹棒二本

㈡　方法

精米、焼米各六合を充填し、細い木栓で蠟着する。

竹筒二本の頭部を細綱で結着する。

㈢ 実験結果

精米、焼米を充填しても絶対に浸水しない。

浮力が大きく救命胴衣の脇に装し、水中にて容易に糧食を喫することができる。

一〇 竹棒（精米填実用）

㈠ 資材

長さ一・二メートル、直径六ないし七センチの竹棒二本

チゲ（人が背負って運ぶ朝鮮の運搬用具）一

㈡ 方法

竹は節を抜き左右とも約五升の精米を入れる。重量は約一五キロ。

㈢ 実験結果

主として糧食運搬用であるが、船舶輸送時における不慮の災害時には直ちに筏代用となり、併せてその際の糧食となる。一個で二名を浮かすことができる。

一一 湯タンポ（精米填実用）

㈠ 資材

湯タンポ一

竹筒浮游具1

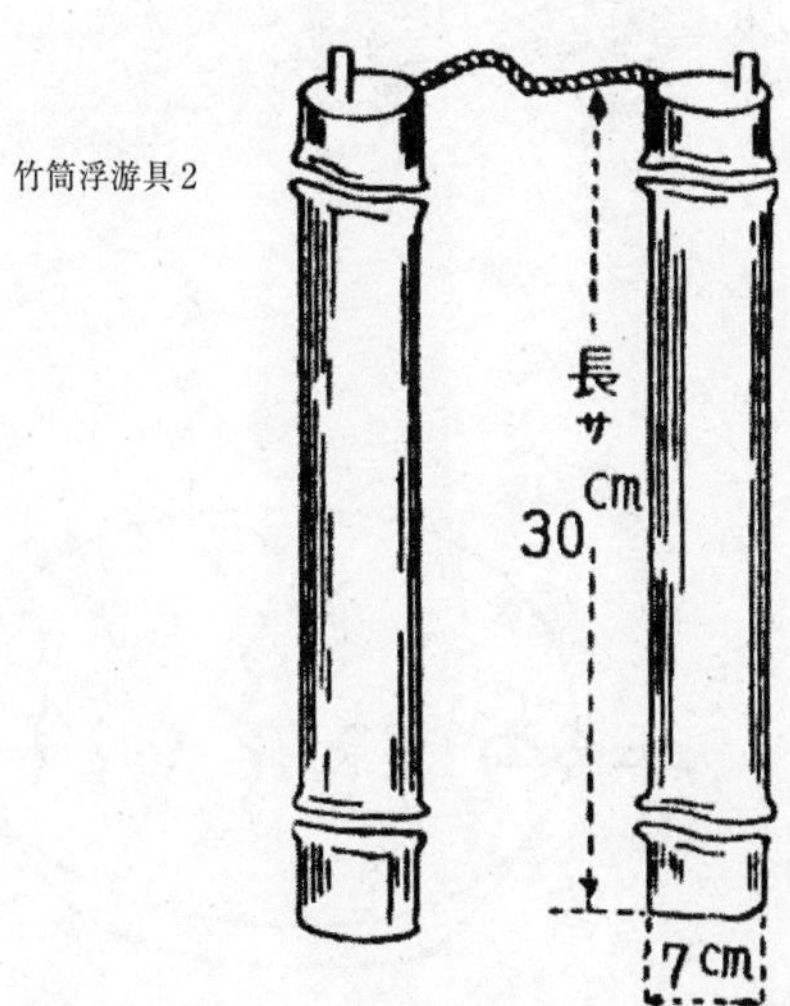

竹筒浮游具2

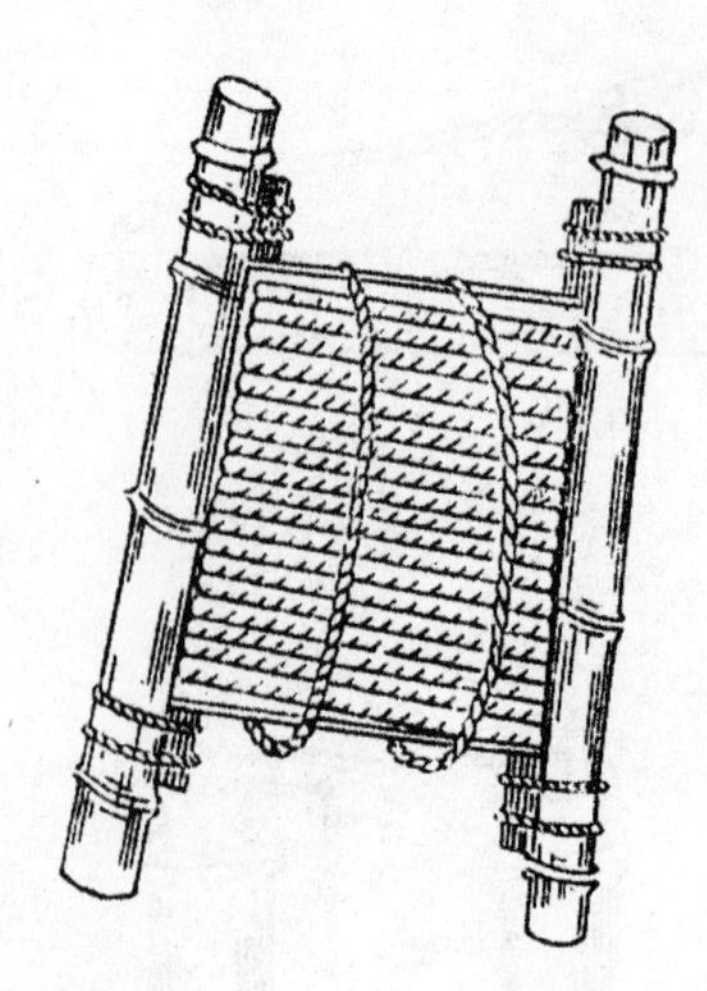

竹筒浮游具3

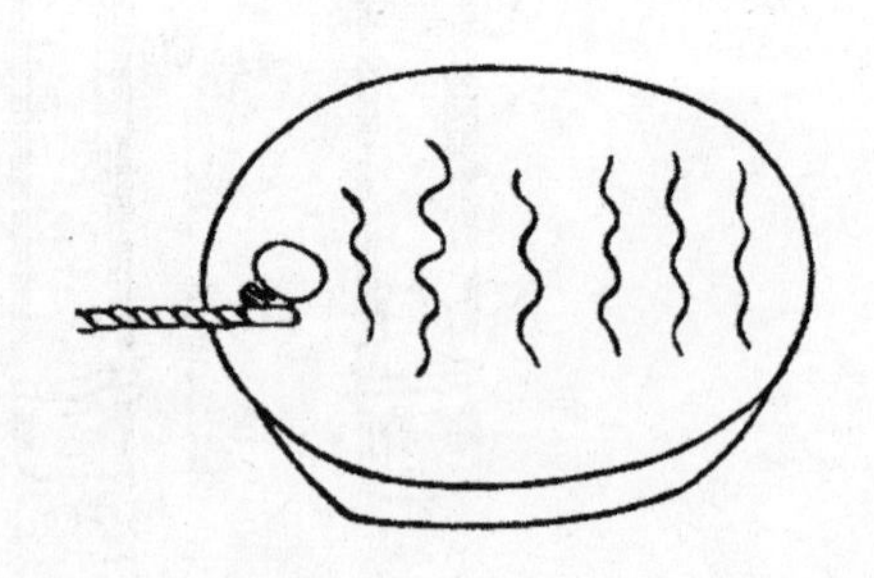

湯タンポ

(二)　方法
湯タンポ内に精米約八合を充填する。

(三)　実験結果
絶対浸水せず、身体に着けまた筏に付けて相当の浮力を有する。

附図　離船要領並びに漂水部署

一　入水
(一)　風および潮流の方向を考慮する。
(二)　沈没しつつある方向および舳の方向を避ける。

二　離船
できるだけ速やかに沈没する船から離れる。

三　集結
(一)　先ず概ね分隊毎に集結する。
(二)　逐次集結し小隊漂水群を編成する。
(三)　同様の要領によりできる限り部隊毎に集結する。

離船要領並ニ漂水部署

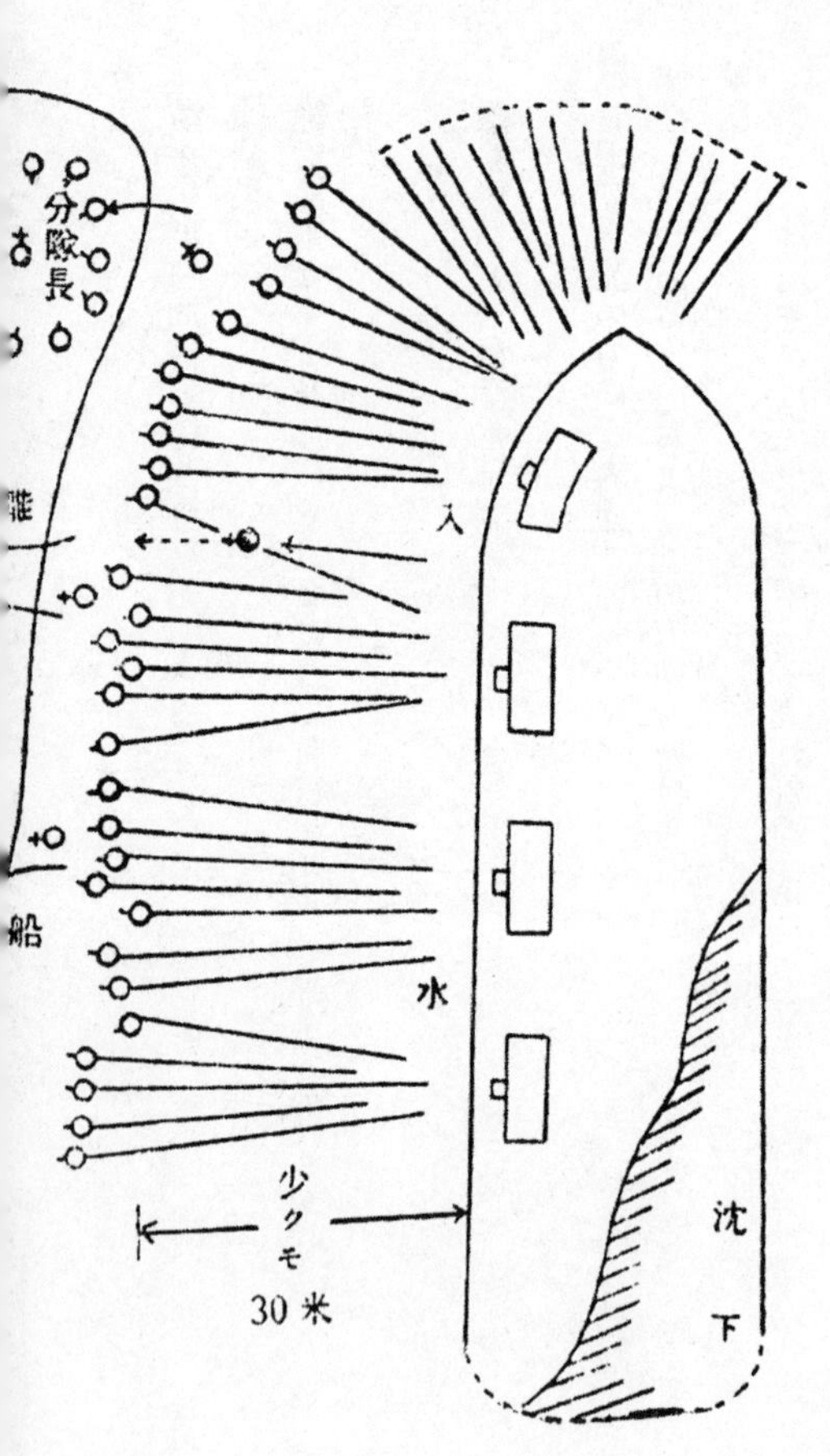

離船要領および漂水部署

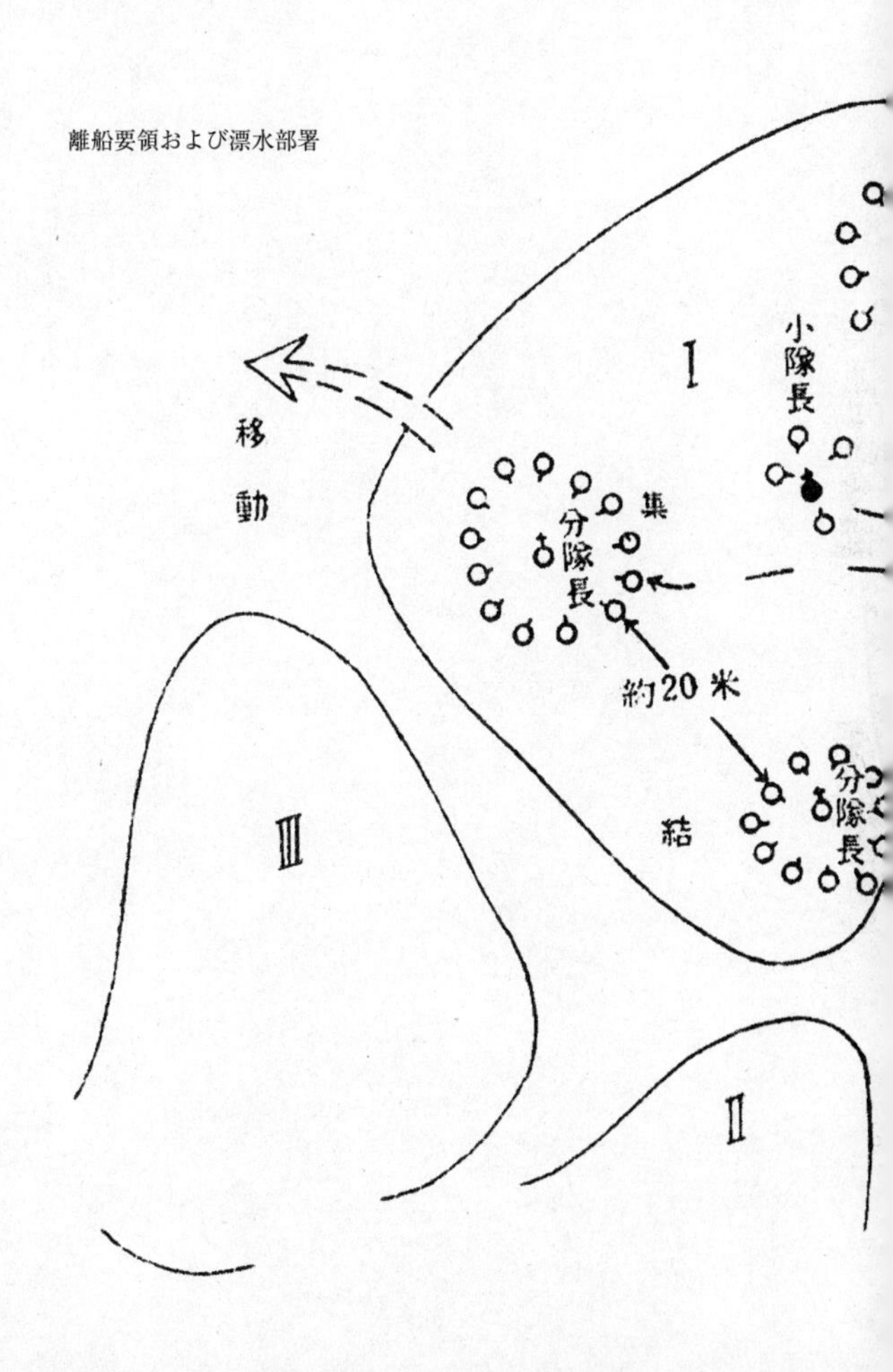

四　移動
　必要に応じ実施する。

参考資料

第一章　船舶輸送

上陸作戦講義録（抜粋）

昭和十二年度　甲種練習員用　陸軍運輸部　㊙返要

上陸作戦とは

上陸作戦とは敵地に対し海上輸送をもって開始される作戦をいう。この定義を広義に解釈すれば総ての海外作戦はこれを上陸作戦と見なすことができるが、通常これを狭義に解釈し、作戦軍の輸送上陸および作戦指導のため必要な陸上地域の獲得をもって、上陸作戦の第一段階とし、爾後上陸における地歩の拡張にともない、海上輸送業務が陸上作戦に直接の影響を及ぼすことがなくなった時期をもって、第二段階即ち上陸作戦の終末とみなすものとする。

ゆえに上陸作戦とはいわゆる敵地に対する上陸、換言すれば敵前上陸のみの意義ではなく、その前後における作戦を総称するものとする。ただしこれを戦例に照合するときは、その終末を画然と分別することは甚だ困難である。

上陸作戦用主要材料要目表

舟艇類用途要目表

一、大発動艇A

用途　敵前において迅速なる人員・兵器材料・馬匹の揚陸

寸法　長一三・一メートル、幅三・三メートル、深一・六八メートル

満船速力一三・〇キロ、機関馬力BMW45、自重七・七トン

搭載力　武装兵七〇人、馬匹一〇頭、重量八トン、軽戦車一、野砲一門半

艙内方積二二立方メートル、艙内面積二二平方メートル

装甲　防楯四ミリ、外板三ミリ、彎曲部以下三・二ミリ

船員数六～七名、航続力四・一五時間

二、大発動艇B
用途同上、寸法 長一三・九二メートル、幅三・三二メートル
満船速力一四・八キロ、機関馬力六〇、自重八トン、搭載力同上
装甲 総舵手前面防楯、機関室前隔壁四ミリ、首尾龍骨三・二ミリ、その他二・三ミリ
船員数六〜七名、航続力一〇時間

三、大発動艇C
用途同上、寸法 長一三・九四メートル、幅三・三二メートル、深二・二メートル
満船速力一五・二キロ、機関馬力六〇、自重八トン
搭載力同上、装甲同上、船員数同上、航続力同上

四、大発動艇D
用途同上、特に八九式戦車用に適す
寸法 長一四・八四メートル、幅三・六二メートル、深二・二三メートル
満船速力一五・二キロ、機関馬力八〇、自重九トン

搭載力　武装兵九〇人、馬匹一〇頭、重量一一トン、八九式戦車一
艙内方積二六立方メートル、艙内面積二六平方メートル
装甲同上、船員数同上、航続力九・五時間

五、小発動艇A
用途　主として人員の敵前上陸、軽荷物の揚陸
寸法　長九・七五メートル、幅二・六四メートル、深一・二二メートル
満船速力九・三キロ、機関馬力二・四、自重三・三トン
搭載力　武装兵四〇人、重量三トン
艙内方積八立方メートル、艙内面積八平方メートル
装甲　防楯四ミリ、他三・二ミリ、船員数四〜五、航続力四時間

六、小発動艇B・C（CはBより肋骨七本増加）
用途同上、寸法　長一〇・一四メートル、幅二・六〇メートル、深一・七〇メートル
満船速力一四・八キロ、機関馬力四・五、自重三・三トン
搭載力同上、艙内方積同上、艙内面積同上
装甲　防楯四ミリ、底部二・三ミリ、他一・六ミリ、船員数四〜五、航続力四・

五時間

七、特種発動艇
用途　舟艇の指揮誘導、水際障害物の破壊、輸送船と捲波海岸との交通連絡
寸法　長一〇・八三メートル、幅二・五五メートル、深一・六八メートル
満船速力二二・二キロ、機関馬力一〇〇、自重四トン
兵装　破壊筒一、搭載力　武装兵二〇人
装甲　防楯四ミリ、底二・三ミリ、甲板一・六ミリ、船員数四〜五、航続力七・五時間

八、小発門橋
用途　人員揚陸後における飛行機梱包箱などのような容大品の迅速な揚陸
橋床　長六・〇メートル、幅三・五メートル、構築所要時間（準備共）四一分

九、発動機付伝令艇
用途　基地の雑用（往時は敵前上陸用）
寸法　長九・一〇メートル、幅二・五メートル、深一・二メートル
満船速力一三キロ、機関馬力一四、自重二・五トン
搭載力　武装兵三〇人、木製

一〇、大浮舟（はしけ）
用途　輸送基地における人馬軍需品の荷役（往時は敵前上陸用）
寸法　長一二・九メートル、幅三・四メートル、深一・七五メートル
搭載力　武装兵七〇人、馬匹一〇頭、重量九トン
艙内方積一八立方メートル、艙内面積一九平方メートル、木製

一一、小浮舟
用途　敵地並びに輸送基地における人馬軍需品の荷役用、特に門橋に適す
寸法　長九・五五メートル、幅二・六メートル、深一・三五メートル
搭載力　武装兵四〇人、艙内方積七立方メートル、艙内面積八平方メートル、木製

人馬艤装材料及荷役用材料他

一、救命筏（制式品）
用途　遭難船の人命救助用、搭載人員三〇人、構造　表裏左右前後同形
水槽容積七立方フィート、ビスケット箱容積二・八五立方フィート
重量一・六五トン、材質　外郭　木、タンク　亜鉛メッキ鋼鈑

二、救命筏（ゴム製品）
用途　遭難船の人命救助用、搭載人員二九人、構造　上下左右前後同形
気嚢容積約二・五立方メートル、二個の送気口で五分で膨張する
三、救命胴衣
用途　輸送船その他海上作業における救命用（乗船者全員に分配する）
性能　二四時間以上頭部を水面上に保ち得る、重量一・五キロ
輸送船などに備える救命胴衣は二種を超えないこと
材料　中味　カポック、外装　麻帆布（防水でないこと）
四、飲馬水槽
用途　馬匹水飼（みずかい）用
容量　四斗五升、構造　亜鉛メッキ鋼鈑製円筒桶、漏斗・ホース付き
使用法　漏斗は甲板に置き艙底の水槽にホースで送水する
員数　一区画の馬欄位置に一個ずつ
五、馬絡（馬の腹にあてがう吊具）
用途　馬匹の搭載卸下用
大きさ　長四尺八寸、幅二尺、材料　腹当は麻帆布、その他麻綱

六、吊綱

用途　兵器・軍需品・主要器材の搭載卸下用

種類　自動車用、戦車用、火砲用、飛行機用、その他一般荷役用

抗力　器材の種類により異なる

材質　ワイヤロープ、マニラロープ

七、畚（もっこ）

用途　軍需品の搭載卸下用

大きさ八フィート角、能力約二トンまで、一起重機に三個充当する

材質　マニラロープを正方形に平編したもので、四隅にマニラロープを付ける

八、板畚

用途　患者またはガソリンなど危険品の揚搭に用いる、能力　ガソリン約四〇缶

九、二五トン起重機

用途　小型小蒸気船または二五トン以内の重量物搭載船に臨時設備する

組成　デリック棒用台、滑車、ワイヤ、その他台取付のための材料を要する

一〇、一〇トン起重機

用途　大発その他一〇トン以下のものを搭載するとき設備する

組成　同上

一一、防舷材

用途　接岸荷役の際両舷の緩衝用、構造　藁形タイロープ、網袋にコルクを充填する

一二、輸送船旗

用途　輸送船はこれを檣頭に掲揚する、大きさ　長七尺、幅四尺

構造　白地に黒色山形一條を表すもの一旒とする、地質雲斎（丈夫な木綿布）

一三、国際信号旗

用途　昼間船舶相互間の信号用

使用法　檣に一字または二、三字を組合わせ、万国信号書の規定により通信する

一四、手旗

用途　昼間手旗信号用、白赤の二旗一組、大きさは一尺五寸角

一五、信号灯

用途　夜間船舶信号用（碇泊灯）

大きさ　高さ一尺二寸四分、径九寸、能力　夜間一浬より見える、連続点灯二四時間

構造　種油の灯火を円筒形ガラスで覆う、白・赤・緑の三色あり

一六、点滅信号灯
用途　夜間船船相互間または船と陸上との通信用
通信距離　晴天・夜間・肉眼にて約二〇〇〇メートル、一〇〇〜二〇〇燭光
構造　電灯、電鍵、電源よりなり、電鍵により発光通信をなす

一七、発光信号灯
用途　夜間信号に用いるが、雨（雲）天の昼間も使用する
光達距離　昼間晴天一万メートル、アセチレンガス使用

一八、携帯信号器
用途同上、通信距離約八〇〇メートル、油壺の種油に点灯し、角灯に電鍵を付す

一九、速力標
用途　昼間船団内輸送船の自船速力の現状および変更を表示する
紡績糸を赤色に染め、釣鐘状に編んだもの

二〇、高声電話機
用途　船橋より機関室など喧噪な場所への通話用（機関運転中も聴取可能）

二一、霧中標識

用途　濃霧に際し後続船との距離保持のための標識用
使用法　輸送船から泛水し、船尾より曳航する。曳航距離約八〇〇メートル
二二、軽便測距儀
用途　船団内の距離測定用、測定可能距離二〇〇〇メートル
二三、伝声管
用途　船長と機関長間および船内各機関相互の通話用
構造　螺旋状鋼線入りゴム管、長さ一〇メートル、径約六センチ、一隻分一二本
二四、風取
用途　船艙通風用、輸送船一隻につき長二、短四、径三尺
長は船艙、短は中甲板の換気用
二五、電気通風機
用途　船艙の換気、通風用、排気量一二〇〇回転で八五〜一〇〇立方メートル
二六、通風用発電機
用途　輸送船の電力不足のとき取付け通風用とする
原動機はディーゼル機関（三〇ＫＷ）と蒸気機関（一五ＫＷ）の二種類がある
二七、水槽

用途　人馬飲料水貯水用、水量三トン、コック三個付き

二八、冷蔵器

用途　食料の冷蔵保管用、収納容積二五〇立方フィート、氷量一五〇立方フィート

二九、炊事釜

用途　輸送船設備不足のときに用いる。一回で二〇〇人用の飯（米四斗）および菜を炊き得る、所要時間四〇分

三〇、索梯材料

用途　輸送船より舟艇などへの迅速移乗用

大きさ　幅二フィート、長三〇フィート

安定荷重七二〇キロ、兵員七人同時に懸吊可能、一分間一〇人昇降可能

三一、野山砲船載砲床材料

用途　輸送船上での射撃を容易、安全、確実にするために用いる

能力　後坐抗力二トン

三二、暖房材料

用途　寒地輸送船船艙の暖房用

能力　蒸気式、室内温度を約五度あげることができる
三三、防雷具
用途　機雷に対する輸送船防雷用、曳索全長七三メートル
三四、揚陸用標識
用途　舟艇のため揚陸地点を区分標示用、標板、標旗、標識、標灯二個よりなる
三五、揚陸地照明灯
用途　夜間揚陸のため揚陸場の照明用、旧型、新型あり
新型照明圏二〇〇メートル、発電機一ＫＷ直流、準備時間約一〇分
三六、標識用浮標
用途　港内航路揚搭待命区標識用
三七、移動引揚機
用途　舟艇その他材料の揚陸用または運搬用
小型牽引力　高速一・八トン、低速二・二トン、大型牽引力　高速四トン、低速
五・五トン
三八、音響信号機
用途　夜間および濃霧の際輸送船と陸上並びに船相互間の信号用および船内信号

用
能力　障壁のないところで約一五〇〇メートルまで聴取可能
三九、電話機、電話交換機
用途　司令部、軍隊集合所、揚陸場、見張信号所、船泊宿舎、修理工場などの通信用
型式　電鈴式、壁掛式、自動電話
基準数　甲碇泊場一〇キロ八、乙碇泊場五キロ四
四〇、海底線
用途　輸送船と陸岸または河川渡過用
小発動艇による敷設速度一〇〇〇メートルを二～三分、全長約四キロ
四一、消毒具
用途　輸送船消毒用（都築式）、消毒液　昇汞水
四二、雨覆
用途　器材の雨露遮蔽用、大きさ　長二五フィート、幅二三フィート、麻帆布製
能力　船積一万三〇〇〇トンの荷物を覆う
四三、屋形天幕

用途　事務所用、高六尺、幅六尺、長一二尺

四四、方錐形天幕

用途　碇泊場司令部並びに輸卒隊露営用、高一二尺、径一八尺

四五、神楽桟（かぐらさん）

用途　舟艇その他材料の揚陸用、高四尺、幅一〇尺、使用人員一五名

四六、濾水器

用途　悪水の濾水用（岡崎式）、一日濾水量約六〇石

四七、潜水具

用途　潜水作業用、ゴム服、空気ポンプ、電話機、電灯よりなる

四八、隻眼鏡

用途　偵察および信号兵用、大、小あり、大倍率四二、小倍率一八

四九、望遠鏡

用途　見張および信号判読用

五〇、伝声筒

用途　船内および艀舟などへの近距離伝令用、大、中、小あり、円錐形の紙製品

その他縫工具、帆工具、靴工具、石工具、鍛工具、電気工具、土工具、船木工具、

木工具を装備する。

船舶輸送講義録（抜粋）

昭和十三年五月　甲乙種練習員用　陸軍運輸部

第一章　船舶輸送一般の要領

第一節　輸送の概念

一、船舶輸送は平時輸送のほか戦時にあっては動員および要塞戦備のための輸送並びに作戦輸送の二つに大別される。また作戦輸送はさらに集中輸送、敵前上陸輸送および補給輸送に区分する。各輸送ともその目的に適合するように計画実施しなければならない。

例えば平時に外地駐剳(ちゅうとう)部隊の交代輸送のように作戦に顧慮なく兵力を輸送するに際しては安全確実、経済を主とし、輸送の諸要件を決定することができるが、戦時事変にあたり迅速に兵力を集中しようとするときは、上陸後における作戦の要求に合わせることを主旨とし、輸送船舶の搭載力を遺憾なく利用し、軍隊は建制（本属の組織）を保持し、その属する兵器材料は同一船舶に搭載し、船舶を間断なく輸送に従事させるよう、その運用、航行を規定しなければならない。また敵前の上陸を企図する場合にあっては上陸戦闘を主旨として船舶の選定および搭載区分を定めることを要し、上陸地の状況、季節などを考慮しなければならない。輸送は通常集団輸送による。

このほか作戦の進捗にともない内地、上陸地間に定期交通船、病院船などを運行させるもので、この種の輸送は通常長期にわたる運行予定にもとづき航行するのを常とし、運用上特別の考慮を要しないのを通常とする。

二、船舶輸送は船舶の徴傭に始まり、次いで集合した各船の消毒、バラスト搭載、給水、給炭、艤装、兵装の準備作業を完了して、乗船（搭載）を行い、船舶の航行を経て上陸（揚陸）をもって終る。

輸送計画機関は諸般の状況を綜合し、これら諸要素を包含した輸送計画即ち乗船区分および輸送船の運用を律し、これにもとづき船舶輸送機関および軍隊がその実施に任じるものとする。

第二節　船舶輸送機関

一、軍事輸送上枢要なる内地港湾には海運基地を設け、通常船舶輸送の策源地とする。

戦地の主要港湾には海運主地を設け、通常船舶輸送の終点とする。

海運基地または同主地以外において必要な港湾には海運補助地を設ける。海運基地には通常船舶輸送司令部を、同主地には碇泊場司令部を、同補助地には碇泊場司令部あるいは船舶輸送司令部支部または碇泊場司令部支部を設置し、船舶輸送業務を掌（つかさど）る。

二、戦時または事変に際し船舶輸送諸部が設置されない間における陸軍運輸部の業務は非常に重要であるので、陸軍運輸部の平時輸送業務につき若干の説明をする。陸軍運輸部において平時定例的に担任する輸送は概ね左のとおりである。

㈠ 満州北支那駐屯部隊の交代輸送（本輸送に限り内地および満州内鉄道輸送をも併せ担任する）

㈡ 海外部隊の入除隊兵および補充馬

㈢ 在外部隊の還送患者

㈣ 補給諸廠より補給する軍需品および海外より還送する軍需品

㈤ 公務または赴任のための旅行者

右のうち㈠、㈡の輸送は通常全部借上船、その他は一部借上船によるが、輸送量が小さいときは船積を借上げることなく運賃契約によることがある。ただし内地台湾間の輸送は船舶借上げのため陸軍として予算は有せず、台湾総督府の命令航路に服する定期船を使用するものとする。

前述のほか演習のため旅行する人員、兵器、馬匹費をもって輸送すべき修理兵器、過剰馬、依託購買品並びに私用のため旅行する軍人、軍属およびその家族などで、前記借上船積内を使用し得る場合は輸送を取扱うものとする。

陸軍運輸部は時局が勃発してもその平時業務は寸時も止むことはないので、急速に人員を増加しなければならない。その人員は特に中央部より配属されるほか、陸軍運輸部輸送規程により最寄部隊より人員の援助を受けるものとする。

船舶工兵隊、各種輸卒隊配属人員

三、船舶輸送司令部には所要の輸卒隊を配属され、海運地の設備、船舶の艤装および兵装、軍隊の揚搭援助、軍需品の揚搭などに任じる。

四、船舶輸送諸部には配属部隊のほか所要の人員を配属される。即ち海軍将校、下士官兵、逓信省官吏（技師技手（ぎて））、通訳、輸送船備砲々手、無線電信通信手などである。

第三節　輸送船の種類

一、輸送船は使用目的により左のように類別する。

㈠ 軍隊輸送船　軍隊の輸送に任じるもので、通常人馬のため艤装を施す。

㈡ 軍需品輸送船　隊属貨物ではない軍需品のみを輸送するもので船艙、艙口ともに大きく、揚貨機の能力が大きい貨物船を充当する。

㈢ 交通船　内地外地相互間の交通のため使用するもので、速力が大きくかつ炭水の貯蔵量が十分で、長時間連続して航海に堪えられる貨客船を充当する。

㈣ 病院船　重症患者、精神病、伝染病患者などの輸送を本務とし、船内に治療設備を完備する。したがって安定良好で衛生上の設備を容易に施し得る貨客船を充当する。

㈤ 患者輸送船　軽症患者の輸送を目的とし、特に貨客船を専用しもしくは交通船を利用する。

㈥ 特殊船　中継船、砕氷船、給炭（水、油）船、救助兼工作船、冷蔵船、重材料輸送船などのように特殊目的に使用されるもので、特殊の構造を有する船舶を充当し、特殊艤装を施し使用する。

二、船舶はその構造が多種多様であるため、その使用にあたっては輸送目的に適合するものを選定する必要があるのは勿論、一船の各部においても通気、採光の良否、交通荷役の便否などを異にするので、搭載人馬物件の種類、数量、時期、その他の状況を顧慮し、搭載位置を決定することを要する。

第二章　輸送計画

一、船舶輸送司令官または輸送計画に任じる碇泊場司令官は、運輸通信長官より指示された船舶輸送の大綱にもとづき実施に関する計画を定め、輸送請求表により輸送計画を定める。乗船（搭載）区分および輸送船の運用はこの指示にもとづき船舶輸送部長官がこれを定める。ただし敵前上陸の場合は軍隊指揮官および護衛指揮官の要求に合わせて計画するものとする。

二、輸送計画は作戦の要求に合一させるとともに、輸送船の搭載力を遺憾なく利用することが必要である。

三、輸送計画機関は輸送計画表をもって輸送し、要領を被輸送部隊に指示する。

四、平時輸送においてあらかじめ大臣命令により運輸部長に輸送を担任されている種類の輸送は部隊より提出する輸送請求にもとづき輸送を計画する。この場合新たに傭船すべきか、定期船によるべきか、その他特約船によるべきかなどは運輸部長自ら決定する。

五、あらかじめ運輸部長に命令されていない輸送はその都度大臣より実施を命じられる。また時局輸送は参謀総長より命令される。この場合所要事項は軍務局長または第三部長（運輸通信長官）より指示されるものとする。

六、第三部長の指示事項は概ね左のとおりである。

㈠ 輸送すべき部隊およびその人馬荷物数の概要（軍需品の種類・数量・交付日時・場所）

㈡ 使用船積の標準

㈢ 乗船上陸地

㈣ 乗船上陸予定日時

㈤ 給養法、船内糧秣および同予備糧秣の搭載数量並びに交付および返納要領

㈥ その他

七、右指示にともない陸軍省より概ね左記事項の通牒がある。

㈠ 使用船々名（総トン数、船主名共）

㈡ 傭船予定期間および入港予定日時

㈢ 船内給養を戦時定額によらない場合はその定額

㈣ 別に傭船契約写

ただし近時傭船は陸軍大臣より運輸部長に委任されるのが常となった。

八、船舶調査および徴傭トン数（略）

九、バラスト搭載

船舶の吃水を適良とするため積荷以外のものを搭載することがある。この物件をバラストという。一般にバラストは積荷の関係によりこれを加減するものであるから、水バラストが最も便利であるが、旅客船などでは石、あるいは鉄材などをもってバラストとすることがある。貨物船を軍隊輸送船とするときはバラストタンクおよび搭載軍隊のみで適当な吃水を得ることは難しいので、艤装に先だちバラストを積込むことが通常である。

輸送船に積込むバラストは通常砂とする。これは多くの場合採取、積込、投棄ともに容易で価格も安く、艙底ではこの上に馬糧を構築し、あるいは荷物材料を搭載するのに便利であるからである。

バラストは概数として総トン数の一割ないし二割に相当する重量とする。例えば三〇〇〇トン級輸送船に対しては一割の場合は約三〇〇トンから、一割五分見当として約五〇〇トンと決定するようにである。因みに似島におけるバラスト搭載の経費は一トン一円である。

一〇、給水

船舶内においてはなるべく節水することが必要である。特に熱地方面に航海する場合は乱費に陥りやすく、その補給には困難をともなうので、一層注意を要する。

輸送船所要水量は左記により輸送人馬数および輸送日数により算出する。

近距離輸送における人馬一日の所要水量の最小限（船舶内）

船員　一人一日　一八・〇リットル（一斗）

乗船者　一人一日　五・四リットル〈三升〉

馬　一頭一日　二七・〇リットル（一斗五升）

ただしこれは最小限であるから、水槽および給水時間が許せば計算値の二倍ないし三倍を準備するのが普通である。所要水量は総トン数の一割を見当とすることがある。

一一、給炭（給油）

輸送船石炭（油）所要量は航海碇泊の別、荷役、兵員用炊爨、暖房の有無、炭質、輸送船の大きさ、速力などにより異なるが、船舶の総トン数に応じる航海一日間の石炭消費量の標準は左のとおりである。

総トン数（所要炭量）

一〇〇〇トン級（二二トン）、二〇〇〇トン級（二八トン）、三〇〇〇トン級（三六トン）、四〇〇〇トン級（四五トン）、五〇〇〇トン級（五五トン）、六〇〇〇トン級（六五トン）、七〇〇〇トン級（七八トン）、八〇〇〇トン級（八九トン）、九〇〇〇〜一万トン級（一〇二トン）

即ち大体において総トン数の一〇〇分の一に一割を増加したものである。

また重油船においては五〇〇〇トン級で速力毎時一二ないし一三浬を出す船の一日重油消費量は約一四トンである。ただし石炭（油）の消費量は各船ごとに要目表により調査し、航海予備日数を適宜加算することを要する。

第三章　軍隊輸送計画

第一節　乗船区分

一、乗船区分の決定には輸送船の能力に応じて適当な部隊を配当し、かつ搭載力を遺憾なく発揮するとともに、なるべく部隊の建制を保持することを要する。しかし搭載力の利用と部隊の建制保持とは相反する要求であり、この調和を図るのは最も苦心を要するところである。

二、乗船区分を決定するに際しては、先ず輸送人馬数、荷物の種類数量と使用船舶のトン数とを対比して大体の搭載標準を定め、これに部隊の建制を顧慮しつつ適応する部隊を仮に配当し、各船の状況を点検して要すればさらに変更するものとする。この際人馬を同一船艙内の同一甲板に搭載するのはなるべく避けることを要する。また人員はやむを得なければ多少狭隘を忍ぶことにより、搭載数を増加する融通性があるが、馬匹は馬欄数に制限があるので、先ず馬匹を適当に搭載できるよう注意して各船に配当し、人員をこれにともなわせることを要する。

もし航空隊、重砲兵隊、自動車隊などのように容大品（容積の大きいもの）または多数の車両などを有する場合は、その材料の搭載位置は最も考慮を要するもので、通常これに適する船舶を先ず決定することを要する。

第二節　運行計画

一、船舶輸送は天候季節の感作（影響）、敵の各種妨害など多くの障害を受けることがあるので、相当の予備を設け、輸送計画に大きな齟齬を生じないことが必要である。

二、搭載および揚陸に要する日数は港湾設備、揚搭材料、時期、方法、輸送数量などを考慮して揚搭効程（工程）を判断し、これに相当の予備時間を加算して決定することを要する。

三、航海日数は速力と距離により算定するほか、潮流のある海峡の通過、夜間の出入を許さない港湾、潮時により通過できない水道などの発着時刻をも考慮することを要し、なお相当の予備時間を加算することを要する。

四、速力は要目表、検査時期、天候などにより判定するほか、若干の予備を考慮しておく。

五、バラスト搭載は通常昼間一日を配当し入港当日を充当するが、要すれば一夜を配当し、入港翌朝までに完了させることがしばしばある。バラスト捨ては通常解傭当日昼間一日を配当する。

六、艤装および兵装はその程度により日数を予定し難いが、一般艤装のため通常二日を配当し、特に急を要しかつ大量でない艤装は一日で実施する。

艤装解除の効程は概ね艤装の二分の一であるので、通常一日を充当する。

七、給水は艤装中または揚搭中に実施する。

八、給炭（油）は通常給炭（油）地に寄港して補給を受けるが、状況により揚搭または艤装中に実施させることがある。炭種によっては自然発火のおそれがあるので航海日数、寄港地などを顧慮し、給炭量および給炭地を決定することを可とする。

九、検疫を要する運航にはその所要時間を顧慮することを要する。似島検疫所の效程は設備および人員により異なるが最大一日二〇〇〇人、馬五〇〇頭、荷物八〇〇〇個を標準とする。

一〇、輸送船に間断なく輸送に従事させることは重要であるが、やや長期にわたる輸送にあっては汽罐の手入、船底掃除などのため適宜休航させ、または入渠を要することがあるので注意を要する。また船員の休養も考慮する必要がある。ゆえに瀬戸内その他難所の航海を連続する場合は、適宜休養時期を与えるようにすることを要する。

第三節　船内休養

一、船内給養は人馬ともに船主の供給によるか、現品官給か、もしくはこれを併用する。現品官給の場合は現品を船舶輸送部より船長に交付する。

二、船内における人員の給養は通常船主により供給させる。その定額は官船（全船積陸軍で使用するもの）による輸送にあっては陸軍旅費規則方五表の額による。

階級	朝食	昼食	夕食	一日計
将校・同相当官	六五銭	五〇銭	六五銭	一円八〇銭

准士官以上、見習士官　五〇銭　四〇銭　五〇銭　一円四〇銭
下士官・兵、士官候補生、諸生徒　三五銭　三〇銭　三五銭　一円
一部借上船による輸送の場合は陸軍運輸部輸送規定付表第二による。

階級	朝食	昼食	夕食	一日計
将校	六〇銭	六〇銭	八〇銭	二円
准士官、下士官	四五銭	四五銭	六〇銭	一円五〇銭
兵	三〇銭	三〇銭	四〇銭	一円

三、船内における馬匹の給養は通常現品官給とする。このため搭載馬数および輸送日数を考察し、船内馬糧の所要量および船内予備馬糧若干日分はこれを指定された糧秣支廠から受領し、搭載する。

第四章　被輸送部隊の輸送業務

第一節　乗船計画

輸送指揮官は輸送船の視察を行う。視察は乗船規定と相まって乗船計画の基礎をなすものであり、乗船計画は揚陸の顧慮を主とするので、視察目的を確立し適確にこれを行うことを要する。視察すべき事項は一般に左のとおりである。

一、人員乗船に関し視察すべき事項

㈠　将校室の景況並びにその配当区分、軍旗があるときは特にその顧慮を要する。

㈡　下士官以下の船室および厠の景況並びに配当区分、進入甲板順序および船室における寝棚進入順序、誘導のための勤務員の配置

㈢　乗船のため使用すべき舷梯の数およびその位置

㈣　上甲板一般の景況並びに乗船順序、各船室に至る通路および誘導のための勤務員の配当位置

　結氷のため舷梯および甲板上に滑走の恐れがあるとき並びに波浪が高い場合のため、危険予防の着意を要することがある。

㈤　衛兵所および歩哨の位置

㈥　診断所、休養室、喫煙所、食事分配所、運動場、洗面所、給水所などの位置、船内勤務員の装具置場

　運動場の位置は船員の交代睡眠を妨害せず、下層甲板にある馬匹の騒擾を起さないことを要する。

二、馬匹搭載に関し視察すべき事項

㈠　馬欄の位置、員数およびその配当区分、搭載順序、飲馬水の供給設備

(二)馬具、馬糧置場

(三)使用すべき揚貨機の位置およびその使用舷

(四)船内勤務員の配当位置

(五)ハッチコーミング（ハッチの立上げ部、海水の流入を防ぐ）と甲板との高さの関係

三、材料搭載に関し視察すべき事項

(一)材料を搭載すべき船艙番号、容積、艙口幅員、材料積付法、特種材料を搭載すべき位置、後部船艙にあっては特にシャフトトンネル（車軸隧道）に関する顧慮を緊要とする。

(二)揚貨機の数および能力並びにその使用舷

(三)貴重品、危険品の搭載場所および積付法

弾薬類を搭載すべき位置は火気、温度の上昇のおそれがない船艙を選定することを要する。無線電信設備との関係については、次の件を顧慮することを要する。

①火薬類搭載の位置はアンテナの付近または無線電信室を通過する長い導線を引込んでいない場所を選定することを要する。

②火薬類搭載の位置はなるべく無線電信室より遠隔した場所を選定することが安全

である。

③貴重品は郵便庫に格納することができれば便利である。

㈣　船内勤務員の配当位置

四、船内勤務員配当箇所およびその員数は、輸送船視察の際人馬材料の搭載区分、方法を決定する毎に搭載区分要図中に記入すれば、遺漏を防ぐのに便利である。乗船計画中重要なのは船内搭載区分および搭載順序に次いで、勤務員の配当である。

第二節　乗船上陸の実施

輸送指揮官は乗船実施間は通常桟橋付近にあって、乗船全般の指揮監督を行い、乗船規定にもとづき予定期限内に搭載を終了させることに関しその責に任じ、最後に乗船するものとする。このため注意すべき要件は概ね左のとおりである。

一、揚陸効程を発揮するため最大の要件は、最大の作業を負担すべき揚貨に最大の効程を発揮させるよう、これを間断なく操作させることにある。

二、陸上および船内勤務将校に時々効程に関し報告させるなどの方法により連絡を確保し、その搭載効程を明らかにすることを要する。

三、輸送部々員と連繋を保持し、搭載実施中全般の効程に影響を及ぼすような状況においては機を失せず、その処置に関し所要の協議を行うものとする。
四、搭載終了後陸上勤務員に乗船場内外を巡視させ人員、馬匹、材料などの残置がないか確認させることを要する。殊に数隻の輸送船が同時に搭載を実施した場合においては特に必要とする。
乗船終了後船内の人員点検において人員不合のため出帆が遅延する例が少なくない。特に注意を要すべき件とする。

上陸に際して輸送指揮官は通常輸送船にあって上陸動作の全般を指揮監督し、通常最後に上陸するものとする。

第五章　揚搭作業

第一節　通説

一、揚搭作業は岸壁荷役であるか沖荷役であるか、また揚搭物件の種類時期などによりその要領を異にするが、整斉と迅速確実に実施し、予定時間に事故なく終了することを本旨とする。このため計画の適切は勿論、使用材料各部の点検を確実にし、事故発生危害の予防に注意することが重要である、
二、揚搭は軍隊自ら行うもので、船舶輸送機関は揚搭場、輸送船の諸設備並びに揚搭

のため使用する諸材料の準備、舟艇の運行を担任する。もし軍隊が揚搭に慣熟していない場合は、その指導を行うことがある。

軍隊に属さない軍需品の揚搭は船舶輸送機関が担当するもので、揚搭にあたる者は自ら計画実施し、あるいは状況により将校下士官の監督指導の下に請負者に実施させることがある。

船舶輸送機関において揚搭に任じる者は将校下士官のほか、臨時配属される輸卒隊、職工、臨時に徴傭した人夫および輸送船の船員で、大部分は軍紀に慣熟せず、しかも揚搭作業に不慣れな者を使用することがあるので、この指揮監督には特に注意を要する。

第二節　揚貨機の使用

一、揚貨機中ウインチの保存手入は機関部船員が担任し、揚貨機一般使用は甲板部船員が任じるのを本則とするが、特種材料揚搭のためには船舶輸送部においてこれを使用せざるを得ないことがある。ゆえに碇泊場司令部職員は監督上その使用法を心得ることが必要である。

二、揚貨機はウインチおよびデリックブームを主とし、通常各艙口に備える。力量は船舶の種別大小により異なるが、通常三トン内外とし、稀に一〇トン以上の力量を有するものがある。二番艙口の揚貨機は力量の大きいものが多い。揚貨機はその抗力に堪える程度以内の荷役を実施するものとする。

ただしウインチの力はダブルにすることができるので、この場合はシングルの場合の約二倍弱となる。また動滑車の数を増加することにより捲上能力は著しく増大することができる。

これと反対にデリックブームは捲上能力を増大することはできない。強固法を施せば若干その抗力を増大できるが一時的に過ぎない。このため重材料の揚搭には特にヘビーデリックを用いる。ヘビーデリックはウインチ四個を使用する。

第三節　人員の搭載

その一　輸送部隊の準備

一、沖荷役の場合

㈠　搭載に任じる舟艇および要員を掌握し、意図を十分に徹底することが必要である。特に大輸送においては臨時の要員が多いので、準備に欠けるところがあれば円滑な搭載を行うことは困難である。

㈡ 人員乗船のため艀舟の運航は馬匹材料の搭載時に比べ頻繁に行われるので、死節時なく浮舟を運航させることが必要である。往々にして小蒸気船の運航が適切でなく、満載した艀舟が空しく水上に停止し、あるいは兵員移乗後空浮舟が空船のまま不便な水上に位置し、あるいは曳航漏れの浮舟を生じることがある。

二、岸壁荷役の場合

㈠ 移乗を容易にするため要すれば輸送船舷側に歩板もしくは埠頭備付の舷梯を懸け、または輸送船固有の舷梯に歩板を架することを可とする。そして潮汐の干満にしたがい、舷梯歩板の位置を変え、あるいは舷側より離脱する危険があるので、その一端を固定しておくことを可とする。

㈡ 歩板を利用する場合はその抗力を検査し、二枚を重ねるか、あるいは各自の距離を規正することを可とする。

その二　輸送船側の準備

一、舷梯・索梯は乗船実施に先だち点検を要する。舷梯の索を緊張させ舷梯の最下端は舟艇より移乗しやすいよう、その高さを規整しておくことが必要である。

二、輸送船の舷側排水口より水が流出しないようにすること。特に貨物船は片舷のみに舷梯があるのが通常であるから、両舷に舷梯を設ける場合にはこれを排水口付近に設備するのもやむを得ないことがある。

三、甲板上に搭載している舟艇および炊事場などにより甲板上の通路を閉塞されることがあれば、炊事場の設備その他は速やかに完了するとともに、船艙の通路を開いておくことを要する。

四、各船艙に配付する物品などはすべて分配を終わっておくことを要する。

五、人員の乗船は通常材料、馬匹搭載後に行う。ゆえにこれらを搭載するため船内に散逸した諸材料はあらかじめ整頓しておくこと。

六、寝棚を設備する区画の船艙に材料を搭載した場合は艙口蓋をし、オーニング（防水覆い）を敷き、蓋板上危険がないようにすることを要する。

七、寝棚を設備する区画の船艙に馬匹を搭載しているときは、通風を良好にすることに注意することが必要である。

人員乗船の際艙口蓋を覆うと通気を害するので、船艙内通風筒および電気通風機の数および機能により艙口蓋の程度を定めなければならない。通風筒は碇泊間十分な機能を発揮し難いので、艙口蓋の開放はむしろ大きくすることを要する。

八、桟橋、舷梯、艀舟内が滑走しやすい場合は筵を敷き、あるいは藁砂などを撒布する。

その三　軍隊側の準備

一、乗船のため各部隊が小集合場に集まる時間順序を規定する。小集合場に至る順序は換言すれば輸送船移乗の順序であり、移乗順序は船内位置の関係、舷梯および船内の通過および寝棚占位に際し、一船艙に殺到しないことを顧慮して定めるものとする。

二、軍隊は陸上において部隊を整理区分して乗船させ、前記船内における混雑を避けることを要する。小集合場にあっては各船艙乗船部隊毎に一艀艇に移乗する部隊を一団として集合し、その順序は輸送船移乗に際し混雑しないことと、一寝棚に連続多数を殺到させないことを顧慮してこれを定める。

その四　乗船要領

一、艀舟の搭載人員数は船舶輸送部の規定するところにしたがい搭乗させる。桟橋より艀舟に移乗する方法は制式艀舟の場合、桟橋上に二列側面縦隊にて行進し、艀舟舷側中央部より二名ずつ移乗し、船首部の方から逐次後方に占位させる。ただし桟橋に接する艀舟の中央部は最後に移乗する者を位置させるため、前方からの占位が適当のところに達したら、次に船尾部から占位させ、中央部を最後とする。幹部は最後に中央部に移乗し位置する。

二、移乗に際し各兵員は銃を提げ、片足を艀舟の切鈌部に掛け、他の足で舟底に入り、前後左右の間隔を密縮して位置する。

海上で危険のおそれがあるときは踞坐（しゃがむ）することを可とする。踞坐するとき背嚢は各自膝の上に置くものとする。踞坐するには各兵員の自由に任せることなく、幹部の命令により一斉に行わなければ踞坐できない兵員を生じるに至る。

三、艀舟航行中兵員は左記事項に注意することを要する。

㈠ 艀舟航行中は静粛を旨とし、手その他携帯品を舷側外に出してはいけない。

㈡ 舷の上縁もしくは舳艫部（船首と船尾）に位置するときは、操舟を妨害し、かつ曳航時あるいは桟橋輸送船への離着に際し危険である。

㈢ 風浪のため艀舟が動揺傾斜することがあるが、騒擾し起立転位してはいけない。兵員のこの種行動は艀舟の動揺傾斜を益々大きくし、転覆の危険があるからである。

㈣ 艀舟内に波浪の侵入が夥しいときは淦水（たまり水）の汲出しを要することがあ

る。ただしこの処置は幹部の命令によるものとする。

(五) 不時の故障に際し適当な処置をとり、兵員の安全を保つのは幹部の責務である。

四、艀舟より輸送船に移乗するには通常舷梯を使うが、風波が激しい場合は索梯による。

舷梯により移乗するには、制式艀舟もしくは舳(へさき)部の面積が広い艀舟は舟底より舳部に逐次秩序正しく転位し、次いで一名ずつ舷梯に乗り移るものとする。風波の状況、艀舟の構造により、先ずその中央部舷の上縁に上り、次いで舷梯に乗り移らざるを得ないことがある。この際波浪が高く艀舟の動揺が激しいときは、波浪が最高度に達する直前に艀舟上を踏み切り、舷梯に乗り移らなければ海中に墜落することがある。

索梯により移乗する場合各兵員は負銃もしくは負革で銃を一方の肩に掛け、両手で索梯を保持しつつ登るものとする。

舷梯および索梯は各人距離を短縮し、かつ渋滞なく登ることが必要である。

五、艀舟より輸送船に移乗の際注意すべき事項は左の如し

(一) 艀舟が舷梯もしくは輸送船側に接近した後、踞坐する兵員の停立もしくは移動は幹部の命令によるものとする。そうでなければ艀舟は動揺し、危険を醸すことが

ある。風浪が激しい場合は殊にそうである。

㈡　幹部は艀舟の模合(もあい)（綱取り）が確実なことを確認した後でなければ、舷梯もしくは索梯への移乗開始を命じてはいけない。

㈢　舷梯を登るには歩兵銃を携行する者は提銃(さげつつ)をなし、片手で欄干を保持する。背嚢を下した場合はこれを片手に携え、銃は負銃(おいつつ)をなし、片手で欄干を保持する。

騎銃、鞍嚢、軍刀を携行する兵員は負銃をなし、鞍嚢を肩に掛け、軍刀を片手に保持し、他手で舷梯の欄干を保持する。

六、風浪が激しいため背嚢を下しているときに索梯を登る場合は、背嚢は大部の兵員が輸送船に移乗した後、揚貨機にて搭載する。鞍嚢の処置も同じとする。

七、舷梯もしくは索梯より甲板上に達した兵員で、負銃をした者は直ちに提銃をなし、搭載掛の指示もしくは導標により、猥(みだ)りに通路、入口、階梯上に停立することなく、割当船艙に至る。

船艙内に達したら速やかに搭載掛が指示する寝棚内の座席に就き、銃剣（軍刀）、背嚢（背嚢袋、鞍嚢）などは適宜これを坐側に置く。寝棚は狭隘な場所に多数占位を要するため、徒に広い座席を占めようとするときは後続兵員の占位する場所を失い、混雑を生じるに至るものとする。

八、兵員を寝棚に占位させるのは各部隊の業務とする。このため幹部は先頭にあって、搭載掛につき、その部隊の占位すべき区域、面積、単位面積上に占位すべき兵員数をあらかじめ承知し、進入する兵員を寝棚の一側より逐次占位させる。そして全員占位を終るまで移動させないものとする。

二段艤装の寝棚にあっては上段に満員となった後、下段を占位させるよりも、上下両段同時に一側より占位させることを可とする。

第四節　馬匹の搭載、第五節　材料の搭載、第六節　軍需品の揚搭積付、第七節　夜間の搭載（以上略）

第八節　人馬材料の揚陸

その一　通則

一、揚陸の順序は通常搭載と反対に行うものにして、人員馬匹材料の揚陸作業の要領並びにこれに関する注意、所要勤務員の配置などは特種の状況を除くほか、概ね搭載の場合に準じる。揚陸を開始すればなるべく短時間内に完了することに努める。

船舶輸送部は輸送船入港に先だち、揚陸準備を完備し、遅くとも輸送船が港湾に接近すれば揚陸の準備の状況、揚陸に関する規定を軍隊に通報する。

二、上陸点付近において戦闘を予期する場合、初期に上陸する部隊は戦闘部署をもって設備なき海岸に上陸する。ときとして水際において敵の抵抗を打破しつつ上陸することがある。したがってその揚陸の方法は特別の方法によらなければならない。
初期に上陸した部隊が陸上に地歩を占めれば、その後の揚陸は一般揚陸の要領に準じるが、逐次揚陸する部隊は戦闘のため、速やかに上陸点を発進することを要する。

三、敵に関する顧慮が多い場合揚陸準備、揚陸材料の運用は碇泊場司令部その他特種の部隊よりなる編合部隊がこれに任じることを常とする。この隊は各輸送船に分乗し、爾後揚陸実施中も水上に分散するので、各級指揮官は適時連繫を保持し難く、一般状況の推移に鑑み独断を要することが多い。

四、揚陸は設備のない海面に行うことが多いので、揚陸用材料は携行する制式材料を利用することを通常とする。しかし既設港湾を利用できる場合は努めて現存材料の利用を要するので、この点検補修には特に注意を要する。

その二　実施

一、上陸場の諸設備を完備し、軍隊に通告すべき上陸に関する必要な事項を規定する。

二、輸送船を岸壁（桟橋）に繋留する場合は、輸送船に荷役舷側を通報（無線電信による）し、入港に先立って揚貨機を準備し、着埠とともに速やかに揚陸できるようにする。

三、陸上運搬のため利用できる各種材料が存在するときは、軍隊にこれを利用させて上陸を迅速にするため、上陸場に整備する。

四、揚陸に要する人員材料は輸送船入港に先だちこれを整備し、輸送船が投錨すれば各船舷側に行かせ、速やかに揚陸を開始できるようにする。

五、輸送船備付荷役用材料の破損を顧慮し、予備を上陸場に準備する。

六、輸送船内揚貨機の準備、揚陸用材料を点検し、かつ揚陸の勤務に服すべき船員、船舶輸送部付人員の配置が終ればこの旨輸送指揮官に通告する。

七、航行中輸送指揮官は揚陸計画を概定し、上陸地に到着すればその地の船舶輸送部の規定およびこれと協議したところにより、その計画を訂正し所要の命令をくだす。ただし各掛員中将校下士官には航海中なるべく速やかにその任務を課し、準備の余裕があるようにすることを可とする。

八、船内および艀舟内勤務員は武器装具を整頓し、監視兵を付けるものとする。

九、上陸は陸上勤務員を第一着とする。陸上掛は勤務員の艀舟移乗に先立ち、その人員を点検し、陸上の作業開始にあたり人員不足を生じないことを要する。

一〇、艀舟監視兵、馬匹保持兵、舷側における作業手の艀舟移乗は各自の自由に委ねるのを避け、船舶輸送部職員に通告し、輸送指揮官でとりまとめ、勤務区分にしたがい指揮者を定め、艀舟を指定し移乗を命じる。

一一、人員上陸に関し注意すべき事項は次のとおりである。

㈠ 船内掛は必要以外多数の人員を甲板に出さないことを要する。これは船内通行を妨げ、混雑を惹起するのみならず、揚貨機準備中危険のおそれがあるからである。

㈡ 舷梯（索梯）の入口において艀舟搭乗人員を区分し、満載艀舟の舷梯（索梯）下に去り、次の艀舟が接舷後次回搭乗者を舷梯（索梯）に入らせる。

一二、馬匹揚陸に関し注意すべき事項は次の如し。（以下略）

船舶輸送に於ける輸送指揮官服務の参考

昭和十六年十一月三日　教育総監部

第一章　輸送指揮官、船舶機関、監督将校並びに船長の任務

第一　輸送指揮官の任務の概要は左のとおりである。
一、各輸送船における乗船部隊の高級先任将校はこれを輸送指揮官とする。ただし将官は要すれば他の将校をこの任に当らせることができる。
二、輸送指揮官は乗船および上陸の指揮、輸送中の警備に任じ、給養に関する事項を区処する。そして軍紀の維持、諸法則の実施などは各部隊長の責任とする。特に規定された場合のほか輸送船の発着および運航に干渉することはできない。
三、輸送指揮官は輸送船および乗船部隊の対敵、保安上必要な警戒を統轄する。そして輸送船の自衛、輸送船相互および海運地と輸送船との通信連絡に任じるため、乗船している砲兵、通信部隊などの対敵、保安上必要な警戒および内務に関してはこれを区処（処置）するのを通常とする。
四、会敵などの場合における乗船部隊の最後の処決は、常に乗船部隊の高級先任将校がこれを決定する。
第二　碇泊場司令官の任務の概要（略）
第三　監督将校の任務の概要（略）
第四　船長の任務の概要
一、船長は船舶輸送司令官に隷し（配下となり）、業務の実行に関してはその輸送船または船隊内の他の輸送船に乗組んでいる監督将校の監督を受ける。

二、船長は本船の運転および保安に関しては自らその責に任じる。また輸送船最後の処決は如何なる場合においても船長がこれを決定する。

第二章　輸送船内における諸勤務および指揮の系統

第五　輸送船内における諸勤務および指揮の系統は左のとおりである。

指揮系統図（略）

第三章　輸送指揮官と碇泊場司令官との協定

第六　乗船の場合における輸送指揮官と碇泊場司令官との協定事項は概ね左のとおりである。

一、人馬（材料）の集合（集積）法、時刻、場所、交通路使用区分

二、乗船（搭載）開始および終了の時刻

三、勤務員の差出区分、集合時刻および場所、服装、標識および作業要領

四、搭載作業の予行、搭載準備、危害予防および救助

五、乗船（搭載）間の警備および衛兵の配置、六、乗船（搭載）間における通信連絡

七、救護、八、軍機保護、防諜（通信、撮影、その他の禁制）
九、輸送指揮官の位置およびその乗船時刻など
第七　乗船場および輸送船内の偵察にあたり輸送指揮官、勤務員の着意すべき事項
一、輸送指揮官（警備司令）
㈠　乗船場の偵察
①人馬（材料）の集合（集積）位置および通路、②関係司令部、官衙の位置および連絡、③乗船時の警戒、④危害予防および救助、⑤軍旗、危険品、金櫃（かねびつ）などの位置および護衛、監視法、⑥軍機保護、防諜、⑦悪天候時における処置など
㈡　船内の偵察
①船内一般の状態、②兵装、③警備、衛兵の配置、④給養施設（給水、炊事、馬給養、酒保）、⑤軍旗奉安位置、⑥船内照明および灯火管制施設、⑦船内通信および指揮連絡施設、⑧船内通風、防暑および防寒施設、⑨防火、防水、総員乗艇のための施設、⑩搭載区分、搭載順序の決定など

二、人員掛

㈠　乗船場の偵察

①軍隊集合場における各隊の位置、隊形、進入路、②乗船のための隊形、③勤務員の配置、④碇泊場職員との連絡、⑤使用海運資材の景況など

㈡　船内の偵察

①使用する舷（索）梯、②搭載区分および搭載順序細部の決定、③船室、寝棚の景況および標識、④乗船時誘導者の配置および誘導要領、⑤船室および寝棚の照明、灯火管制施設の点検、⑥救命胴衣の整理および配置の点検、⑦危害予防上の注意など

三、馬掛

㈠　乗船場の偵察

①馬繋場、②勤務員の配置、③飲馬用水給水栓の位置、④危害予防、⑤碇泊場職員との連絡、⑥使用海運資材の景況など

㈡　船内の偵察

①馬欄の配置、員数および配当区分、搭載順序、船艙換気施設、

②懸帯の整備、馬絡および導索の配当ならびに強度点検、予備品の調査、
③搭載時における敷藁の準備、④搭載前後における馬の給水方法、
⑤馬欄付近における照明施設、⑥船内馬糧の授受方法、配置場所、
⑦船内勤務員の配置、⑧危害予防など

第四章　乗船に関する輸送指揮官命令

第一〇　輸送指揮官の乗船に関する命令の一例

一、左記部隊は明後六日〇〇丸に乗船す

歩兵第一聯隊　第一大隊本部、第一ないし第三中隊、機関銃中隊

歩兵砲中隊、通信中隊

山砲兵第一中隊、工兵第一中隊の一小隊

揚陸作業隊の一部、兵站警備隊第三中隊

二、船内搭載区分附図（附図略）

船上射撃のため山砲兵中隊は砲一を舳部に、機関銃中隊は機関銃二を船橋上に設備すべし

三、搭載開始時刻左の如し

人員　六日　一一時〇〇分
馬　六日　〇八時〇〇分
材料　六日　〇八時〇〇分

四、各隊は左の如く集合（集積）し乗船（搭載）準備を完了すべし
人員　集合場　六日　一〇時〇〇分
馬（馬持兵を付す）　馬繋場　六日　〇六時三〇分
砲兵材料　砲廠　六日　〇六時三〇分
車両類　車廠　六日　〇六時三〇分
その他隊属貨物　材料集積場　六日　〇六時三〇分

五、乗船（搭載）要領附表の如し（略）

六、搭載掛を左の如く命ず
人員掛　〇〇大尉（〇〇中隊長）
馬掛　△△中尉（〇〇小隊長）
材料掛　××中尉（〇〇小隊長）
明後六日六時〇〇分までに乗船場に至り、某副官の区処を受け、碇泊場司令部揚搭掛某大尉と連絡し、服務すべし、その他の勤務員附表の如し（略）

馬および材料搭載勤務員は六日六時三〇分までに、人員搭載勤務員は六日九時三〇分までに関係掛将校の許に至り、指揮を受くべし

七、乗船（搭載）のため定められたる〇〇丸の識別は左の如し

集合（集積）場　　黄色標識

乗船桟橋　　黄色標識

乗船（搭載）用舟艇　黄色小旗

八、通信中隊の一部は〇号無線機および手旗をもって陸岸、輸送船間の通信に任ずべし

その他連絡は往復舟艇によるほか要すれば碇泊場司令部揚搭掛に連絡し、伝令艇を使用することを得

九、A軍医大尉は六日九時〇〇分××付近に救護所を開設し、救護に任ずべし

B獣医大尉は六日七時〇〇分△△付近に病馬救護所を開設し、救護に任ずる筈

十、給養は六日昼食を携行す、同日夕食より船内給養とす

十一、予は六日八時三〇分乗船桟橋に在り、一〇時〇〇分乗船の予定

〇〇丸輸送指揮官　某少佐

下達法

各隊命令受領者および搭載掛将校を集め口達筆記せしむ

船内警備規定

一、警備司令は輸送指揮官の命を受け船内の警備を統轄する。また警備上必要と認めた場合においては日直将校および衛兵を直接区処することができる。
二、警報および警報発令責任者を別表のように定める。(別表略)
三、警備司令は船橋に位置する。
四、対空、対潜監視哨の配置附図の如し。(附図略)
五、応急準備は担任区域の高級先任将校があらかじめ実施計画を立案し、かつ必要な準備作業を完整し、もってその実施に際し遺漏がないようにする。

応急準備の要領は左の如し

揚陸作業隊

(一)舟艇の泛水および救命筏の構築を準備し、要すれば船員の短艇泛水に協力する。
(二)舷梯および索梯のほか船艙の舷側に多数の降下用綱を準備する。

各部隊

(一)努めて軽装で救命胴衣を装し携帯兵器、弾薬、水筒および乾パン二食分をあらかじめ準備する。

(二) 衛生部員は救護を準備する。

(三) 暗号書その他重要書類などの処置を準備する。

(四) 各船艙毎に船員に協力し防火扉、舷窓盲蓋（鉄蓋）、櫃扉などで必要のないものはこれを閉鎖し、その他は閉鎖を準備する。また船員の動作を容易にするよう処置し、物件の紛失、破壊、墜落などを予防する。

(五) 各船艙毎に総員乗艇区分にしたがい急速に上甲板に進出し得るよう、艤装梯のほか非常縄などを準備する。

六、総員乗艇警報にあたっては左の如く行動する。

揚陸作業隊

舟艇の泛水、糧食、飲料水、諸救命具などを準備する。

各部隊

(一) 所要の服装（応急準備の際に準じる）を整え、所定の位置で命令を待つ。

(二) 飲料水および糧食はなるべく多く携帯する。

(三) 馬の処置に関しては命令を待つ。

七、総員乗艇要領別表の如し。（別表略）

八、警備司令は対空、対潜監視哨および射撃部隊を指揮し、敵飛行機および潜水艦（敵艦船、魚雷、機雷、その他海上危険物をも含む）を監視し、これを発見するや機を失せず撲滅もしくは制圧する。対空、対潜監視哨は舳、船橋楼上、艫に各一か所、状況により各二か所設置する。

九、射撃開始は警備司令の命令による。

一〇、監視哨および射撃部隊の服装は帯剣、巻脚絆を用い救命胴衣、防毒面および眼鏡を携帯する。

一一、ガス警報に際しては各人防毒面を装し、かつ船艙を密閉し、ガスの侵入を防止する。

一二、ガス掛将校は防護に関し警備司令の指揮を受け、対空監視哨と連絡するとともに物料消毒班を指揮してガス防護に任じ、かつ防毒班を指導する。

一三、物料消毒班は汚毒した被服または防毒具などの蒸気消毒に任じる。

一四、各隊防毒班のガス防護の担任区域は左の如し。

前部　○中隊、後部　□中隊、馬欄　△中隊、予備　×中隊

各隊防護班は左の消毒剤および消毒用具を準備しガスの検知、標示、消毒などに任じるとともに通常艙口、通風筒（機関室など船員に関係ある場所は船員の担任と

する）などの開閉に任じる。

消函四、バケツまたは石油空缶六、長柄および短柄刷毛各二、石油一缶、雑巾または手入用木綿若干、検知器二組、標示材料（藁縄その他）若干

一五、灯火管制の要領は左の如し。

㈠　警戒管制にあたって室内灯はそのままとし、火光が漏洩しないよう設備する。室外灯は一般に消灯するが、交通などのため危害予防上やむを得ないものはその光度を低下し、かつ上空および水面に対し光源を曝露しないように点灯する。

㈡　非常管制にあたっては火光が漏洩しない室内灯のほかは全部消灯する。

警報およびその発令責任者

警報は一斉信号機またはラッパにより発し、その区分と発令責任者は左のとおりである。

応急準備警報（輸送指揮官）、総員乗艇警報（輸送指揮官）、潜水艦警報（輸送指揮官）、飛行機警報（作戦要務令による）、ガス警報（作戦要務令による）、浸水警報および火災警報（将校、衛兵司令、日直下士官）

警報解除はラッパ「休め」または口達による。

一、○○丸船内内務規定

日課時限の一例

起床および日朝点呼	八時
朝食	九時
診断	十時
訓練	各隊毎に午前、午後各一時間
勤務の交代	十一時
昼食	十三時
午睡	各隊毎に約二時間
命令、会報	十七時
馬欄の掃除	十六時〜十七時
夕食	十八時
日夕点呼	二十時
消灯	二十一時

食事分配は緩徐にドラを連打する。その他はラッパ号音による。

二、火災予防

㈠ 裸火の使用を禁ずる。

㈡ 吸殻入備付箇所以外特にガソリンなど危険物の位置における喫煙を禁ずる。

㈢ 厩勤務員その他弾薬置場付近にある者はマッチの携帯を禁ずる。

㈣ 電線の破損箇所は速やかに報告するとともに、電線に触れまたは濡手拭などを掛けることを禁ずる。

㈤ 電気通風器は連続使用その他の原因により加熱して焼損し、あるいは火災惹起の原因となることに注意する。

三、防火および防水

㈠ 船内において火災または浸水を発見した者は付近の者と協力して防火、防水に努めるとともに、日直将校および警備司令に急報する。

㈡ 防火隊（防水隊）は船長の請求によりその業務を援助し、警報に際しては概ね左のように行動する。

①防火隊長（防水隊長）は日直将校に連絡し、その指示により必要の部隊は船橋○

舷に集合する。

②防火隊長（防水隊長）の指揮により船員の防火（防水）作業を援助する。

③服装は徒手とし、救命胴衣を装する。

四、清水の使用（熱地輸送の場合における基準を示す）

㈠　個人使用量の標準は左の如し。

　飲用三リットル、洗面一リットル、入浴四リットル（三日に一度）、洗濯四リットル（三日に一度）

㈡　指定以外の場所において清水の使用を禁ずる。

㈢　清水の使用を節約する。また雨水などの蓄水を無断使用することを禁ずる。

五、保健、衛生

㈠　実施すべき運動、娯楽の種類は左の如し。

　軍歌および歩行、腕（脛すね、坐）相撲、首の運動、懸垂、碁、将棋、海水摩擦、乾布摩擦、綱引、真銃による仮標刺突など

㈡　訓練、運動、娯楽、納涼など実施のため甲板の使用区分は別紙の如し。（別紙略）

六、厩勤務

㈠厩勤務員は一〇頭につき三名を標準とする。

㈡飲馬水の十分な給与、飼輿（飼料を与える）、馬房の通風、換気などに努める。

㈢高熱馬、衰弱馬は機を失せず甲板馬欄に移し、その恢復を図る。

㈣適宜馬欄を水洗し清掃、換気を行う。

㈤馬の前進、後退または牽馬運動を実施する。

七、危害予防

㈠船橋、船尾楼、操舵室、機関室、炊事場、その他危険な場所に立入ることを禁ずる。

㈡艙口が開いているときは必ず監視兵を付ける。

㈢一般に舟艇内への立入りまたは舷への腰掛を禁ずる。

㈣絶えず頭上と足許に注意して行動する。

八、船内起居

㈠　通路、階梯などを開放する。
㈡　船員の動作を妨害しないよう注意する。
㈢　船室において勤務員以外の兵は裸となり、幹部は上衣を脱ぐことができる。ただし就寝時は必ず腹巻を用いる。
㈣　常に総員乗艇時の携帯品を雑嚢もしくは背負袋などにまとめて整備しておく。
㈤　浮遊物は海中に投棄することを禁ずる。
㈥　許可なく通風、換気装置を改変し、また船内備付物品を他に移動してはならない。

総員乗艇部署

浸水、火災またはその他の遭難にあたり、輸送船保安の途が全く尽きた場合においては、状況により総員を乗艇避難させる。このため輸送指揮官はあらかじめ監督将校および船長と協議し、この準備に関し遺憾のないようにする。

総員乗艇準備の主なものは左の如し。

一、舟艇の卸下を準備する。
二、舷梯、索梯などの急速な使用を準備する。また船側に綱を張る。
三、所要に応じ筏を急造する。

四、舟艇には必要の糧食、飲料水、火酒（ブランデーなど）、救命浮環、救命焔、マッチ、蝋燭、提灯、火箭、大巾旗、手旗、軽便信号灯、伝声筒、羅針儀、木工具などを搭載し、特に発動艇には燃料および潤滑油を充実する。

総員乗艇のためには救命艇、軍用舟艇、救命筏などを用い、またできれば適宜筏を急造してこれを補う。

総員乗艇のためには輸送指揮官、監督将校および船長は協議して左の如く乗艇を準備する。

一、船舶固有の救命艇、機動艇などは船員により泛水し、軍用の舟艇、筏などはできる限り軍隊により泛水する。

二、船長は速やかに揚貨機を整備し、舟艇を卸下する。

三、できれば無線電信機を指定の舟艇に搭載する。

乗艇区分は概ね左の如し。

一、輸送指揮官、監督将校および船長は航海力に富み、かつ他の軍用舟艇を指揮するのに便利な舟艇（伝令艇など）に乗り、信号員その他所要の人員を従える。

二、各舟艇には指揮官としてできる限り将校を乗艇させる。

総員乗艇の命令により軍隊および船員は救命胴衣を装着し、所定の位置に集合し、あらかじめ定めるところにより各舟艇に分乗する。

舟艇、筏などの準備が終れば船長は輸送船の旗章を下し、各員乗艇が終れば船長の乗艇を基準とし、適宜の序列をもって航進する。撓艇（手で漕ぐ舟）、筏などはできれば機動艇または汽艇をもって曳航する。

船長はあらかじめ総員の乗艇に関する準備および訓練を実施し、かつその不備を修正し、要すればしばしば演習を実施する。

○○丸総員乗艇要領

準備

一、揚陸作業隊は舟艇の泛水を準備する。急を要する場合においては舟艇などの吊綱を切断する。

二、各配当舟艇毎に舟長、漕手を定める。これらは揚陸作業隊の定めるところによる。

三、各部隊は細部の部署を定める。

四、移乗指揮官はあらかじめ移乗位置における集合法および移乗順序を定める。

五、服装、携行品

㈠　携帯兵器、携帯口糧、水筒を携行し、救命胴衣を着用する。

(二) 各舟艇に所要の弾薬、燃料、糧食、飲料水、救命具、手旗、灯火などを搭載する。
(三) 重要書類は最小限とする。
六、筏を利用する者は游泳可能者とする。
七、索梯はあらかじめ配置する。

実施

一、移乗を完了した各部隊は集合位置に至る。
二、筏は発動艇が曳航する。
三、最後の移乗者は左の如し。
衛兵、船舶通信および砲兵、監督将校、海軍信号兵、日直将校、警備司令、揚陸作業隊指揮官、船長、輸送指揮官

舟艇搭乗例(総員約一〇〇〇名)
大発(七〇人乗)一〇一号四二名、一〇二号四五名、一〇三号七〇名、一〇四号六〇名
小発(三〇人乗)二〇二号三〇名、二〇四号三〇名
艀舟(四〇人乗)一号四〇名、三号四〇名

救命艇（四〇人乗）　一号三〇名、二号三〇名、三号三〇名、四号三〇名、五号三〇名、六号三〇名
救命浮器、艙口板製筏　六〇名、六〇名、五〇名、五〇名、五〇名、七〇名、六〇名、六〇名

上陸戦闘に於ける舟艇移乗並に跳込要領の参考

昭和十八年一月二十日　東部第九十部隊　秘

第一　舟艇移乗要領

その一　兵の動作

一、歩兵の上陸の際の服装は状況によるが、着装法の一例を示せば概ね左の如し。
㈠ゴム底足袋を履き、背嚢を除く。

㈡水筒、雑嚢を掛け、帯革を締める。

㈢規定外弾薬、糧秣および飯盒などは天幕に入組み、背負袋として左肩より右脇下に負うか、あるいは帯革上縁に沿い腰に巻く。

㈣器具を背部の帯革に押入れ、あるいは紐で肩に掛ける。

㈤　防毒面は待機の姿勢とし、左物入付近におく。
㈥　鉄條鋏を有するときはこれを腰部で帯革に押入れる。
㈦　救命胴衣は前後に偏しないよう装着し、射撃を妨害しないよう着脱部を右肩におく。
㈧　手榴弾は雑嚢に収容する。

二、兵は輸送船が泊地に進入する時機が近づけば、武装を整え、命令により中甲板の集合位置に移乗の順序で集合する。
三、上甲板に進出するにあたっては距離を短縮し、前後の連絡を失わないことを要する。移乗位置においてはその場所が狭隘であり、各種器材が交錯していることから、夜間に十分その隊列を収縮し、一列を空けて伝令の通行および揚陸作業隊員並びに船員の諸作業を妨害しないことが肝要である。
四、移乗の際索梯の下端は艇内におき、波浪の高低を顧慮し、その最低時においてなお若干の余裕があるよう内方に捲込んでおくものとする。
五、移乗に際して一幹部は索梯の上端上甲板に位置し、移乗者の降下を区処し、他の一幹部は舟艇内にあって、移乗者の占位を区処する。また通常幇助者を索梯の上端に一名、下端に一ないし二名配置し、舷檣の超越および艇内への跳下(とびおり)を幇助させるものとする。

六、先頭の兵は分隊長の命令にて、幇助の「よし」の合図により遅疑することなく舷檣を跨ぎ、降下を始め、その他は順序にしたがい距離を延ばすことなく、迅速静粛に下降する。降下にあたっては確実に中綱を握り、上体を索梯に添え、体重を両腕に托し、交互に桁を踏み、迅速に降下する。

七、波浪のため舟艇の動揺が大きいときは、移乗者は舟艇に移る直前、幇助者の「待て」の合図により、先ず両足を揃えて確実に桁を踏み、次に波浪が最高に達しようとするとき、幇助者の「よし」の合図により軽く踏切り、両手を同時に中綱より離して、艇内に跳下りるものとする。この際幇助者は移乗者が転倒しないよう所要の幇助を行う。

八、艇内において兵は幹部の指示により、自己のあるべき位置に至り、踞坐し両脚を前に出し、尻を落し前後の距離を閉縮し、銃は舷と反対側において銃口を上にして手に持つか、適宜肩に托す。この際艇員の動作を妨げ、あるいは艇の前後左右に傾斜し、その安定を害することのないようにする。

九、舷梯により移乗する場合は外側の手で手摺を握り、かつ滑走するように注意しつつ体をやや斜めにして降下する。

一〇、索梯降下にあたり小銃、軽機関銃は銃身を前にして負革をもって肩に掛けるか、斜めに背負うことを可とする。しかし時として負革を首に掛け、救命胴衣または背嚢の上端に銃を横にして負うことを有利とすることがある。波浪が高く移乗動作が困難なときは小銃あるいは軽機関銃を一まとめにして天幕に包み、畚綱（もっこ）または揚貨機をもって艇内に卸下することがある。

一一、艇内において各兵は沈着静粛にして妄りに姿勢を変え、また位置を移動してはいけない。波浪が特に大きく動揺が甚だしいときは舷側に近い兵は足掛かりを把持し、その他の者は互いに腕を組むことにより、安定を図るものとする。

その二　小（分）隊長の指揮法

一、移乗のため小隊長は揚陸作業隊と緊密に連携し、待機位置への集合、移乗位置進出時機、移乗位置における隊形、移乗順序および発動艇区分などにつき、所要の命令を下す。

第一回上陸部隊にあっては綿密的確に指示し、錯誤混雑をなくすることが肝要である。また同一舟艇に乗組むべき他部隊の人員に対しては事前に連絡し、殊に乗り遅れないよう注意することが肝要である。

二、移乗のため進出を命じられると、小隊長は所定の進路を経て部下を移乗位置に誘導し、配当された索梯に応じ、移乗順序に通常一列縦隊の分隊を併列する。

三、小隊長がいないときは分隊長が艇長と連絡し、あらかじめ移乗のため幇助者を配置し、艇首にあって部下の移乗および艇内における占位を指導するものとする。

四、小隊長は移乗部隊を水上並びに水際戦闘に有利なように艇内に占位させる。このため艇首に機関銃を置き、各分隊はこれを重畳（ちょうじょう）（重ねて置く）または併列し、最後に上陸するものは艇尾付近に位置させることを可とする。小隊長は艇長とともに通常艇首に位置するものとする。

五、乗艇部隊舟艇内占位の一例（附図略）

中隊指揮機関、障害物破壊班などは艇首に近く位置し、陸上勤務員などは後部に位置することを通常とする。舟艇傾斜に注意し、特に艇首を沈下させないようにする。

六、移乗が終ればこれを艇長に通報する。

第二　舟艇よりの跳込要領

一、舟艇が海岸に達着すれば、先ず舳（へさき）部の工兵舳手（じくしゅ）が綱を持って跳込み、舟艇を固定する。次いで兵は「跳込め」の号令により直ちに勇敢機敏に跳込み、敵方に向い突進する。

二、小発動艇より跳込を行うには、「跳込め」の号令にて右（左）舷に跳込む者は銃を右（左）手に保持し、動作が容易な姿勢をとり、左（右）手にて舷側頂を握り、左（右）足を足掛に掛け、右（左）足で舷側頂を踏切り、膝を屈め重心を低くして、銃を高く保持しつつ、脚を開き、両足同時に地に着くよう跳込むものとする。

三、乗艇部隊の跳込順序は舟艇において射撃に任じる機関銃を除き、概ねその占位している順序にする。跳込方向は概ね舟軸を境とし、左右に区分されるべきものであるが、その大要は左記に準じ、舟艇指揮官より移乗後、あらかじめ指示しておくべきものとする。

右舷跳込順序　小隊長、甲伝令、第二分隊斥候

左舷跳込順序　乙伝令、第一分隊、ガス斥候、擲弾筒手、機関銃隊は最後

四、舳部にある工兵舳手が跳込むと、舳部に近く位置する擲弾筒手は直ちにその跡に転じ、上陸部隊の掩護に任じるとともに、跳込正面を広く開放することを有利とすることとあり。

五、乗艇する指揮官は達着時における海岸の状況、艇長の報告を基礎とし、要すれば

跳込人員、跳込法などを明確に指示するものとする。

六、大発動艇より上陸する場合にあっては艇首歩板による上陸を通常とするが、状況により艇首に近い舷側から跳込を併用することがある。

輸送船の対遭難訓練について

昭和十八年九月　雪部隊（第三十六師団）本部　極秘

敵は海上補給路の遮断なかんずく輸送船の撃沈に重点を指向し、わが根拠地域の孤立化を企図している。このため対遭難訓練の精到を期し、いわゆる「七度遭難して八度起き任務を完遂する」必要が今日より切なるものはない。左にとりあえず南太平洋方面第一線部隊が蒐集した輸送船の対遭難対策を掲記し参考に資する。なお本冊は偕行社記事（五月号）より抜粋したものであるから、将校は偕行社記事を利用し、准士官以下分隊長要員には本冊を熟読させるものとする。

第一　乗船前の準備

一、上陸時の装備

上陸時の装備は重量が大きく遭難時にそのまま携行することはできない。遭難時の装備とは区分して規定しておくことを要する。

二、個人装備

㈠ 被服

①長時間海中にあるときは腹部の冷却が甚だしいので、厚着を必要とする。このため防暑襦袢、袴下、夏衣袴を着用し腹巻をすることを可とする。また地下足袋を履き、できれば巻脚絆を装する。上衣は袴の内側に入れて袴紐で十分緊縛し、袖口は紐で締め身体の冷却を予防する。腹巻代用として携帯天幕、着替類を腹部に巻くのも効果がある。巻脚絆の装着法は戦闘巻を可とする。

②手套は退船時ロープを握る際掌を保護するため、また浮游間に必要とする。

③雑嚢は食料の取出しに便利であり、背負袋よりも可とする。

④水筒は二本以上湯茶を充たしておくことを要する。

⑤飯盒の携行は救助され上陸直後の炊事に必要となり、また浮游間に雨水を採ることができる。

⑥鉄帽は危害予防上および敵飛行機の機銃掃射に対して有効である。

⑦麻縄は各人一本以上携行すれば退船または筏を製作し、武器および身体を筏に縛着することができるので、特に必要である。ただし水中においては解き難いので、

あらかじめ結び方に注意すること。麻縄は救命胴衣、水筒、雑嚢の紐の上部から縛り、その一方の端を筏などに縛着することを可とする。

⑧小刀は縄により退船した場合これを切断し、あるいは筏の製作に縄を切り、あるいは缶詰を開けるなど用途が多い。

⑨将校の刀帯は上衣の上から装着し、軍刀は帯のようなもので肩に負い、装具は腰に結着することを可とする。装具を肩から十文字に吊ると胸を圧迫し、疲労が大きい。

⑩上司において研究の結果携帯口糧三日分、鰹節一、缶詰若干などの携行を決めたが、携帯口糧三日分の区分は部隊において次のように決定した。圧搾口糧一日分、乾麺麭二日分とし、油紙で包み、さらに乾麺麭袋に入れ、背負袋に入れる。

輸送指揮官において水筒二のうち一には米を入れることにした。

各人最大限三日程度を携帯し、ゴム入圧搾口糧を可とする。

乾麺麭は油紙で包めば約一日程度のものは食することができる。

鰹節は全員推賞あり。一日一本として二、三本携行することを可とする。

缶詰類を携行することを可とする。

氷砂糖、飴などは小缶入とし、あるいは壜に入れて携行するのがよい。

米は利用の範囲が少ない。舟艇に移乗した者はこれを食したが、その他には利用した者はいない。

⑪携帯兵器および弾薬は携帯を本則とする。今次兵団においては携帯兵器、弾薬および携帯器具は携行するように指示した。

小銃は負革を長くし、負銃をなし得る準備を必要とする。

弾薬は三〇発以内に止め、他は箱入のまま携行することを可とする。各人一五〇発を携行して入水したが、浮游困難であったことによる。

手榴弾は直ちに海水が滲透して効力を失うので、蠟で密封しない限り携行してもその用をなさない。

円匙は楫（かじ）の代用として使用された。

⑫部隊装備

乾麺麭は開梱することなく木箱のまま携行することを可とする。数個を組合わせて筏にすると一梱で四～六人分の浮力があり、なお余力がある。

軽機関銃、重機関銃、擲弾筒および火砲はあらかじめ筏を携行し、縛着の準備をしておく。連隊砲一門は空ドラム缶六にて浮かせることができる。また兵器手入具は常に兵器に縛着しておくことを要する。

通信器材は乾麺麭、野菜缶の空缶に収容し、ハンダ付けをして、責任者を定めて携行する。さらに浮力を増加するため、竹を数本これに縛着する。

暗号書などは遭難時無理をしてこの携行を策することなく、重錘を付けて沈下し、敵手に委ねないことを第一とする。

重量が大きいものに対しては竹四本を井桁に結束し、これに縛着するを可とする。

椰子の実数個を袋に入れれば浮標として使用できる。

米その他を収容するため竹を準備する。竹はよく枯らし亀裂を生じさせないようにすることを要する。また竹は筏になり得るので、各人一本ずつ携行することを可とする。竹一本のみで一人を浮游させるには身長丈の竹を必要とする。

竹梯子を準備携行する。これは縄梯子と同様な用途をなし、かつ浮游間の筏となる。

標識用として国旗および隊旗を携行する。浮游間部隊の集結並びに救助船よりの発見を容易にする。

繃帯包は忘れないよう各人に携行させることを要する。

時計、マッチなどはゴムサックに、隻眼鏡は氷嚢に入れることを可とする。

第二　乗船後の準備

一、乾麺麭は甲板上に整置しておく。

二、救命筏は船縁より投込みやすいよう下に台を積み高くしておくか、またはあらかじめ舷外に吊下げておくことを可とすることがある。また救命筏は重量の大きなものを少数よりも、軽易なものを多数製作する方が有利である。

三、味噌樽、醤油樽などの空樽は浮力が大きいので、浮標に使用するよう甲板上に置く。

四、縄梯子、ロープなどをあらかじめ多数準備し、船艙に垂らして降下用、進出用を区別しておくことを可とする。既設の階段では混雑し、また爆撃のため使用不能となる場合がある。

五、要所に灯火を準備し、かつ点灯者を定めておくことを可とする。暗黒時の混雑を防止し、指揮掌握を容易にする。

六、折畳舟の利用価値は大きいので、常に輸送船に準備してあれば有利である。そしてあらかじめ組立てておく余積があればさらに便利である。

七、ボートはあらかじめ点検しておかなければ使用不能のものがある。

㈠　端艇釣滑車綱は延ばしやすく整理しておくとともに、濡らさないこと。
㈡　滑車の塗油を十分にし、滑動を容易にする。
㈢　釣具を常に掛けておかないこと。輸送船の沈没時に泛水不能の場合、本船とともに沈没する。

八、ボート、折畳舟などには常に水および糧食、楫を入れておくことを可とする。楫がなく手で漕いだ例がある。

九、大・小発、ボート、折畳舟にはあらかじめ左記器材を適宜準備しておくことを要する。
㈠　救命桿（長さ四メートル位の竹または木桿に数本の細綱を付ける）
㈡　救命投綱（救命浮環または救命胴衣に細綱数本を付ける）
㈢　釣竿（舟艇舷側に併行し水面上三〇センチに竿を吊る）
㈣　曳綱

一〇、救命胴衣その他遭難時個人携行品は常に身辺にあることを要する。勤務者は必ず勤務位置に携行すること。特に救命胴衣は紐を解き、枕元に置かせることを要する。この際点検を忘れないこと。

一一、通信器材、暗号書などを携行する責任者は数人一組とし、なるべく甲板に出やすい場所に位置させることを要する。

第三　輸送指揮官並びに各指揮官の処置

一、総員退船の部署は乗船後の内務的事項に先立ち、乗船後なるべく速やかに決定し、一兵に至るまで徹底させるとともに、この予習訓練を実施しておくことを要する。なお爾後航行間においてもしばしば訓練することを要する。

二、退船部署は具体的綿密であることを要する。例えば甲板上に出る経路、順序、整列場所、組の区分、飛込順序、使用筏、舟などを決定し、かつ各組に浮遊物を配当しておくことが肝要である。

三、組の区分は五人以上二〇人程度を適当とする。過少人員は不安を生じ、精神的に弱り、過大人員は敵機の目標となる。

四、将校には全員危険搭載品の搭載場所を知らせておくことを要する。

五、将校は将校室に起居することなく、兵室に在ることを要する。仮将校室などに全将校を集め、起居させることは絶対に禁物である。

六、総員退船時各指揮官は人員を点呼し、準備の状態を輸送指揮官に報告することを忘れてはいけない。

七、船に対する被害場所およびその程度などは船員の報告のみならず、現場の各指揮官と輸送指揮官に報告することを必要とする。輸送指揮官はこれにより本船の沈没時期を判断し、船長と相談したうえ、これを全般に告知することを可とする。
八、退船の決心は輸送指揮官がこれを行い、一旦命令すれば変更しないことを要する。命令した後中止を命じるときは先に跳込んだ者に不安の念を生じさせ、あるいは救助に際して兵力分離し、あるいはスクリューに捲込まれるなど不利が多い。
九、退船命令はスクリューの停止を確認した後で下すことを要する。
一〇、折畳舟などを搭載しているときは、この組立の教育を下士官以上に実施しておくことを要する。
一一、大小発はあらかじめ燃料を充填しておくことを可とする。
一二、船内に救護所を二か所以上設定し、一般に知らせておくことを可とする。そして救護所にはあらかじめ衛生材料を分置しておく。

第四　退船動作

一、兵を落着かせることが肝要である。ある兵はサイダーを持って来て、各兵に分配した。このため各人を大いに冷静にした。

二、ややもすれば喧噪になりやすく、これでは指揮官の命令、号令も徹底しないので、静粛な動作ができるよう訓練を要する。また将校はたすきまたは腕章などにより、明瞭にすることを要する。
三、筏その他の浮遊物は人が跳込む直前に投入し、かつ麻縄で船に結着しておくことを可とする。
四、投入する場合は海中を見て、人に危害を与えないことが必要である。
五、跳込よりも縄梯子あるいはロープにより入水することを可とする。これは兵器装具を有するため、跳込が困難になるからである。ただし跳込んだ者もあるので、断定することはできない。
六、ロープで入水する際は手套あるいは手拭または帽子などにより掌を負傷しないよう注意することを要する。
七、舷側より速やかに離脱するには、風上の舷に入水することを有利とする。

第五　浮游間の動作

一、相互に激励して志気を旺盛にし、睡魔を防止することが肝要である。特に夜間は軍歌を合唱することも一方法である。

二、幹部の弱い言動は志気に大きく影響する。絶対に生きる信念を堅持することが必要である。

三、幹部はあらかじめ示された組の集結に努めるほか、付近の兵を集合させ、要すれば新たに組を編組することを可とする。単独者は溺れることが多い。

四、各組は必ず元気旺盛な幹部を中心とすることが肝要である。

五、船体からは速やかに離脱を図り、少なくとも五〇メートル離脱することを要する。

六、元気旺盛な間（最初の三、四時間以内）に兵器あるいは身体を筏などに縛着し、その他の不具合を修正すること。長期間水中にあるときは身体が疲労し、筏などにつかまることさえ困難となる。

七、陸に向って泳ぎ、あるいは舟艇を漕ぐなどは労力を費やすのみで、効果がないことが多い。遭難場所を遠く離れるときはかえって救助されない。

八、救助船に容易に発見されるため、国旗あるいは標旗を樹立することを可とする。

九、浮游間水が欠乏した場合は鉄帽、飯盒をもってスコールの雨水を採り、あるいは手拭、ハンカチを頭上において湿らせ、これを吸うことを可とする。

一〇、筏に負傷者あるいは疲労した者あるいは游泳不能者を乗せるなど、特に弱い者を労わることが必要である。また元気な者だけとしても交互に乗り、身体を休めることが肝要である。

第六　救助前後の注意

一、救助船を発見したら、なるべく組毎に集結していることが船からの発見を容易とする。船の前進方向不明のため各兵に広い間隔をとらせて船に連絡しようとした例があるが、かえって発見を困難にした。

二、救助船を発見し、喜びのあまり游泳しようとするのは適当でない。

三、救助された瞬時において気を弛めることのないよう注意を要する。救助艇を発見したとき気狂（気がふれる）を生じ、あるいは救助された瞬時に死亡した者がある。

輸送船遭難時の心得

昭和十八年九月　雪部隊（第三十六師団）本部　極秘

中隊長まで配布

第一　遭難退船前後の心得

一、非常時対策として乗船時より準備すべき事項

㈠　総員乗艇の準備は常に十分にし、随時一、二分で本船は沈没することがあるのを目途とし準備、訓練を完了しておくこと。このため室内にある者は常に応急準備に必要な装具その他を整備整頓しておくこと。応急準備の訓練は各種の場合を考慮し、数回連続して行い、極めて短時間に準備を完了できるようにすることを要する。

㈡　総員乗艇は退船の用意ができ、応急準備が整うとともに兵器、被服、重要書類などを投入位置に準備する。

㈢　一般の状況によるが重要書類、重要兵器（個人携帯を除く）などは沈下と浮上の処置を兼ね行わせることを可とする。ただし人員の収容可能な見通しがある場合は、諸梱包の浮上を準備し、かつ縄をもって一〇メートル間隔に数個連結し、収容を容易にすることを可とする。なお重要梱包の投入にあたっては連結することなく、兵に分与し、自身の飛込直前に投入させ、小紐類をもって己の腰に縛着させ、収容を容易にすることも一案である。

㈣　危険海域に進入すれば対空顧慮がない限り総員上甲板に集合させることを可とする。特にこの場合警備員の警戒（通視開放）あるいは伝令その他勤務者の通行を妨害しないよう処置する。なお魚雷攻撃の衝撃により海中に墜落しないよう着意することを要する。

(五) 総員乗艇のための集合位置は状況が許せば予備を設けることを可とする。即ち例えば後甲板は爆発のため集合場所への通路が遮断され、掌握に困難を来すような場合があるからである。

(六) 重機関銃の浮体は甲板上に置くことを可とする。

(七) 甲板上の各警戒兵は乗艇武装を身辺に置き、監視させることを可とする。監視兵が銃を身辺に置かないため、小銃を船内に残し退避した者が多い。本件は乗艇当初は乗艇武装で服務させたが、航行中荒天の際、執銃服務は危険であることと、兵器保存上害があるため、小銃を携行しなくても差支えない旨、輸送指揮官の指示があったことにより、爾後主として兵器保存上各中隊兵器を携帯させなかった。兵器の保存上害を顧みることなく、携帯するよう規定することを要する。

(八) ハッチ上に位置しないこと。爆発に際し船艙に墜落することがある。

(九) 船艙内にある者は爆発の衝撃を受ければ速やかに甲板上に進出すること。小銃、擲弾筒は確実に肩に掛け、手拭その他で縛着する。兵器手入具は油、手入布ともできる限り浸水しないよう処置し(水嚢など使用)、所持する。敵前上陸の場合のほか弾薬の携行よりむしろ必要である。

弾薬は小銃、手榴弾、擲弾筒など浸水後長日数保管困難かつ兵器保存上使用が危険に至ることが予想されるので、研究を要する。
軽機関銃のためには救命胴衣一個で間に合う。
重機関銃のためには銃、脚、属品箱など特別に準備した浮体の備付を要する。

（船内設備）

退避部位にあたっては最後の乗船者を定め、最後まで総員の離船を指導させることを要する。

船舶内の退避を指導するため、指導者を定めておくのはよいが、この指導者は常に同船艙内にいさせることを要する。

退避にあたっては人員の直接指揮者と重要梱包などの投入後の監視および収容などのため、責任者を定め必要な人員をあらかじめ準備することを可とする。

人員の跳込直前、利用できる総ての浮体あるいは重要梱包など（あらかじめ準備する）を全力をもって投入した後、跳込を開始させることが肝要である。

乾坤丸にあっては浮体あるいは梱包の投入が終らないうちに跳込を開始したので、この投入により人員の被害を顧慮し、相当の時間を要した。重要梱包には標識を付けることを可とする。

二、その他

(一) 敵浮上艦艇の攻撃を顧慮し、救命艇にも自動火器を携帯乗艇することを可とする。また救命艇のクラッチは破損しやすく操作不便であるから、ローロック式を有利とする。ローロック式は救命艇が安全な状態で停止することができる。

(二) 非常警報は通常号笛によるが、しばしば演習を繰返す結果実戦と混同しやすいので、実戦の場合はラッパ号音によるか、あるいは演習にはドラその他を利用し、一般に演習と実戦の場合の号音を明確に区分することを要する。

(三) 本船遭難の場合も非常号音を一般に理解していない。これに応じる動作の敏速を欠く感がある。

(四) 現在施設している船橋と機関室との連絡電話は衝撃と同時に故障を生じることが多い。別大型伝声管を併せ用いることを可とする。

(五) 遭難船より引揚げ、命令があれば直ちにこれに応じるよう訓練を要する。本事例においては数回にわたり海中に退避するよう命令されたが、部隊は躊躇し退船が遅延した感がある。将校は率先して退船を誘導することを要する。

(六) 爆雷その他の震動により、立泳ぎの姿勢にあったため腸を圧迫して腸管を切断した者がある。水中にあっては必ず平泳ぎをし、腹部に板片などを当てることを可とする。

㈦　兵居室船艙上に鉄材、自動車、その他重量物を積載することは厳禁することを要する。

㈧　収容にあたっては遭難者中に先を争う者があり、収容の迅速を欠いた。冷静沈着を要する。

㈨　特に患者は常に救命具携行のうえ、甲板上にいさせること。

㈩　日頃から游泳を訓練し、自信をもたせることを要する。

第二　遭難退船時前後の心得

一、輸送船沈没の状況により差異があるがその概要は左の如し

㈠　高射砲隊および船員と乗船部隊との退避時の細部協定を徹底しておくこと。

㈡　舷側に救命綱をできるだけ多く吊るすよう設備しておくこと。一船で四〇〜五〇本は設備しておくこと。

㈢　甲板上は常に整理しておくこと。

㈣　日朝（夕）点呼その他集合時は総て救命胴衣を装着させること。

㈤　各人の身辺に救命胴衣を置くことは勿論、使役その他用便などのためその位置を

離れるときは必ずこれを携帯させること。

(六)　特に危険海面にあっては炎天下でも裸体を避けること。

(七)　水筒には常に満水しておくこと。また携帯糧食には鰹節を最も有利とする。

(八)　各人に小紐（綱）を携行させ、跳込後の筏木材への縛着または相互連絡用となすこと。

(九)　船内にあっては将校を兵員と同室に位置させるとともに、その将校にその船艙（室）の防火および灯火管制並びに退避指揮などの責任者を任じる。

(一〇)　二分間以内に部隊全員を上甲板に集合し得るよう訓練すること。

(一一)　遭難に際し上甲板に退避させた後、再び兵器その他を持出すため艙内に降りさせないこと。また用便などのため上甲板に進出している者も同じとする。上甲板などに勤務している者は常に所要の準備姿勢をとらせることは勿論である。

(一二)　総員跳込に際し幹部は速やかに服装、携行品を点検すること。

(一三)　跳込は潮流の方向に行えば離船が容易である。船から三〇メートル以上離脱すれば先ず安全である。

(一四)　救命胴衣は前浮嚢を十分に下げて浮游すれば浮力が大きく、かつ首を擦傷しあるいは海水を飲むことが少ない。また紐を股に掛けるのも一案である。

(一五) 指揮者にそれぞれ標旗を携行させ、海面での認識を容易にすること。

(一六) 浮游中は少なくとも一〇名以上をもって連鎖集結すること。敵は漂流中の者に対しても掃射し、また潜水艦は浮上して近接して来ることがあるので、日本人としての処置を執る決意を要する。

(一七) 救命浮器、応用浮器を過早に投入して失敗したことがある。沈没すれば自然に浮游する。

(一八) 海図室備付の拡大鏡を携行することを有利とする（燐寸代用）。

(一九) 魚雷が命中すれば艙口出入口、艙口蓋、梯子などは飛散し、同室艙内の大多数の者は死傷した例が多い。これらの固縛その他の処置を講じておくこと。

(二〇) 救命艇は救助者を満載しても各個に行動しないこと。

(二一) 出征準備として左記の不要物件を陸揚げしておくこと。本棚、戸棚、額縁、額、不要海図、古帳簿類、私有物の大部分、特に古帳簿類は非常時に際し散乱して延焼し、または浮流物となる。

(二二) 防火衣、防火幕などは濡らしておくこと。

(二三) 船長は常時船橋に起居する覚悟を必要とする。このため折畳椅子、洗面用水などを準備しておくこと。

㈣ 焼夷弾などに蓆を被せるときは、いつ破裂してもこれに応じられるよう身構えて接近することが必要である。

㈤ ある船艙に浸水すれば次の船艙との隔壁を強化するための処置を講じること。

二、参考事項

某船船員は遭難にあたり軍旗より先に離船した。また某船機関長以下機関部員は遭難に際し、乗船部隊に先立ち乗艇し離船した。ともに不可である。

三、注意事項

船員および乗船部隊（特に若い将校、下士官）に、右に記述した第二項および第四ないし第五項の実施を「卑怯者」のように浅慮し虚勢を張る者が多いので、矯正させることが必要である。

第二章　船舶部隊の戦訓

船舶部隊の教訓

昭和十八年九月十日　大本営陸軍部

第一　ソロモン・ニューギニア方面作戦における所見（船舶兵団）
敵空中攻撃下における船舶輸送について

一、船舶の速力と兵装
敵飛行機の空爆に当り、四〇〇〇メートル以上の水平爆撃に対しては航行中相当回避できるが、急降下爆撃に対し速力一二ノット以下においては九〇パーセン以上命中する。

輸送船の防空火器のみをもって敵機の攻撃を阻止することは困難であるから、輸送船の損害防止のためにはわが飛行機の直衛はもとよりであるが、輸送船としては防空火器の増強と速力が大きいことが最も肝要である。

特に作戦地域内に使用する船舶は小型の快速であることを第一とし、毎時二〇ノット以上の速力を要する。

二、搭載区分

船団輸送において人員と火薬および液体燃料を混載することは引火爆発しやすく、兵員の損害が大きいので、部隊に必要な最小限を混載し、大量のものは小型船の船底に積載し、中甲板には防弾用砂を一メートル積載することを可とする。

ラバウルにおいて甲板を貫徹した一〇〇キロ不発弾はバラストに約七〇センチ埋没したのみであった。

三、乗船部隊の船内居住区分について

ラエ輸送において日童丸が爆撃を受け火災を生じたが、将校は仮将校室に集結乗船していた。船の沈没にあたり兵員と幹部が別々となり、指揮不十分で混雑しただけでなく、多くの戦死者を出した。中隊長以下は必ず兵室に混乗するようにし、仮将校室を設備するのは適当でない。

四、空爆下の泊地における輸送船の行動について

㈠泊地において敵機の水平爆撃に対して輸送船は相当回避できる。各輸送船の間隔距離を最小限一〇〇〇メートルとし、各船は船首を沖に向け、無投錨にて作業を実施し、敵機の来襲にあたっては前進して適宜回避運動し、敵機が退却すれば再び陸岸に近接して作業を実施する。ただし状況により急降下爆撃を受ける公算が大きい場合においては投錨し、揚陸効程の能率を発揮して速やかに撤去することを可とすることがある。

㈡昼間揚陸点と夜間揚陸点はできる限り変更することが肝要であり、夜間敵機が来襲し照明弾、爆弾を投下しても昼間と位置を変更しているときは、たとえ発見されてもこの間相当時間を要し、作業効程を発揮することができる。

五、航空機による船団護衛について

㈠上陸点付近にわが飛行基地がないとき、優勢な航空部隊を有する敵に対しては特にわが直衛機の緊密な協力を必要とする。

㈡優勢な敵航空勢力の制空権下において直衛機数は六、七隻の輸送船団に対し通常最小限二〇機を要する。即ち六機は常に船団上空にあり、六機の二組は船団外周

適宜の位置にあって警戒および攻撃に任じることを可とする。

直衛機が数機では一〇機以上の敵機に対し完全な防衛が困難な場合がある。殊に数方向から来る攻撃に対しそうである。ゆえにこの際船上防空火器の威力を大きくすることを要する。

六、空爆下における揚陸作業指揮について

揚陸地に対する敵機の攻撃は先ず戦闘機に続いて低空射撃および落下傘付小爆弾投下、水平爆撃と三段攻撃を常とし、反復攻撃を受けるとき揚陸作業は中止する時間が長くなり、作業は予想外に遅延する。

揚陸効程発揮は輸送船損害減少上重要な事項であり、特に左の事項に留意することを要する。

㈠ 揚陸場を防空に支障がない限り努めて分散すること。

㈡ 揚陸点には対空監視所を設け、作業開始および退避を迅速適切にすること。

㈢ 作業人員は小単位として将校が直接指揮すること（兵は四散し容易に作業を開始せず、特に夜間は人員を次第に減少するに至る）。

㈣ 糧秣などは特殊容器（ドラム缶など）を使用し、輸送船甲板積とし、揚陸にあたりこれを海中に投下し、引綱により揚陸作業効程を発揮すること。

(五) 船内積付を特に留意し、全揚貨機を使用するとともに、各船艙同時に作業が終了するように積載すること。
(六) 揚陸用舟艇は損耗を見越し、無妨害揚陸に要する舟艇の二倍を準備することを要する。

第二　北洋方面上陸作戦の経験にもとづく船舶部隊の教訓（第三船舶団）

一、上陸作戦に特に必要な特殊船
(一) 冬季を顧慮し砕氷船を数隻加えること。砕氷船がない場合は馬力が大きい新しい船の船首にセメントを詰め、前方のフレームを増加するなどの増強を施した船で代用することを可とする。
(二) 舟艇運搬専用船を是非数隻必要とする。舟入場（積出場）が少なく荒天のため舟艇の損害が予想外に大きいことがある。
(三) 給水、給炭船の準備を要する。
(四) 補給船として漁労兼冷凍船を含ませること。
(五) 大型サルベージ船を必要とする。北洋荒天のため遭難率、船舶の損傷率が暖かい方面より大きく、しかも小型船は炭水保有量の関係上実用に適さない。

㈥ 優速海上トラック船団および優速漁船団を連行することを可とする。

二、小型船隊または舟艇機動隊使用上特に留意すべき事項

㈠ 北洋は一般に磁石の偏差（磁石が指す方向と真北との差）が甚だしいので、ジャイロコンパスを少なくとも誘導船に持たせることを要する。発動艇による機動の場合においても特にそうである。

㈡ 濃霧航行中分離または方向を失わないため正確な磁石、霧中標識、サイレン類を各分隊毎に準備させること。

㈢ 燃料および水は常に十分な予備を分載させておくこと。

㈣ 各群毎に母船（老練な水先人を乗せる）を付け燃料、水の補給並びに救助に当たること。

㈤ 海軍艦艇の誘導を付けること。

三、北洋航海上の注意

㈠ 気象放送を頻繁迅速に流すこと。

㈡ 老練な水先人を嚮導船に乗込ませること。

㈢ 天測に熟練した優秀な高級船員を配置すること。曇天と濃霧が多いため南洋に比べて天測が困難で、船の正確な位置を測定するのに不安を感じる。

㈣　輸送船乗組船員の人数を増すこと。
㈤　正確な晴雨計を備え付けること。
㈥　流氷時期には船団の先頭に砕氷船を付けて航行させる。

四、上陸作戦迅速揚陸手段

敵の空爆を顧慮し、輸送船を上陸泊地に長時間滞泊させないため、軍隊・軍需品の迅速な揚陸完了は益々その必要を痛感する。

㈠　舟艇にて揚陸するもの
軍隊、車両類、火砲弾薬、附属荷物、ドラム缶（油）など危険品は軍需品中最先に揚陸するようにし、爆撃による爆発、火災を減少することに努める。
㈡　その他は海中投下方式による。
海中投下軍需品の拾上げおよび海岸への曳き寄せ方法は発動艇（漁船）を利用し、魚網にて地引網の要領で海岸に曳く。
泊地進入とともに潮流の検査をし、海中投下物の漂流方向および漂流速度を調査することを要する。
㈢　海上トラック、漁船団を利用し、揚陸效程を発揮するようにする。
㈣　各船の積付の指導を従来よりさらに詳細綿密にすることを要する。

㈤　敵の船舶に対する銃撃、雷撃を困難にし、揚陸作業を敵銃撃により中断しないために、適切に煙幕を利用する。

五、北洋の特性上特に整備すべき海運資材並びに補助材料（北洋の天候激変並びに風浪が高いことに鑑み）

㈠　発動艇、曳船（馬力が強い漁船）などは相当予備数を別に携行すること。

㈡　海岸にて重材料および海中投下物並びに舟艇を捲上げる強力牽引車（キャタピラー式）または動力捲上機を必要とする。

㈢　歩板類、索梯は特に長尺であること（波浪が高いため）

㈣　予備錨（桟橋強化用）およびワイヤ並びにマニラロープ類

㈤　潜水具類

㈥　潮流、気象観測具類

㈦　鳶口類（海中、水際曳上げ用）、擱坐、沈没船の軍需品釣り上げ錨（補給困難に陥った際擱坐沈没船の軍需品を曳上げ、利用するため）

㈧　砂浜曳上げ用コロおよびコロ板

㈨　ゴム浮嚢舟（高浪のときでも軍需品の揚陸を敢行するため）

㈩　断崖攀登資材

(二) 寒地用救命胴衣
(三) 寒地用水中作業衣

六、特殊人員の整備
(一) 気象班要員の整備
(二) 水先人員の整備
(三) 船内荷役人夫団の整備
(四) 潜水夫班の整備
(五) 漁夫班（漁獲給養に充てるため）の整備

七、その他参考事項
(一) 北洋方面作戦上の参考
①冬季以外は昼間が頗る長い。
②磁差が多い。
③海岸は急に水深が深くなる。投錨に際しては錨を脱し、錨鎖のみで碇泊することがある。
④時期により濃霧が多いため、陸岸に近接すれば水深を測りつつ航行する要あり。
⑤海流、潮流、風向の変化に対し特に関心を要する。

⑥陸上に這松（はいまつ）が多く密生し、行動困難なところが多い。

第三　神龍丸遭難事故より得た教訓（昭和十八年七月、北方船舶隊）

一、遭難に際しては過早に離船し、または狼狽して海中に跳び込まないこと。

事　実

火災の爆音に驚き周章狼狽して過早に海中に跳び込んだ者は、海水の寒冷（北洋では夏季でも海水温度は零度内外である）のため心臓麻痺を起し、または潮流が激しいため暗夜遠く流され、ほとんど救助できなかった。これに反し最後まで船に留まった者は全員救出された。

二、寒地救命胴衣を装着した者は救助され、普通の救命胴衣を装着した者の多くは死亡した。寒地救命胴衣は極めて有効であることを知った。

事　実

寒地救命胴衣は船舶砲兵隊員および船員の全部に交付されているにも拘らず、船舶砲兵隊はこの装着を徹底的に練習していない。かつその分配整置もまた適当でなかったようで、遭難に際しこれを携行しなかった者がある。数時間海中に漂流し、救助された者の大部は寒地救命胴衣装着者であったのに反し、普通の救命胴衣を装着した者はほとんど凍死した。一部救助された普通救命胴衣装着者は救助後多くは死亡した。

三、寒地救命胴衣を装着し海に入る場合は必ず頭部の頭巾を確実に装着することを要する。

事　実

寒地救命胴衣装着者中頭巾を被らずまたは首部を確実に締めていなかった者は長時間の漂流で頭部を冷やした結果ほとんど凍死したのに反し、確実に首を締め頭巾を被っていた者はほとんど生存のまま救助された。

その他の教訓事項

一、座礁した場合には続いて火災爆発などの事故が発生する公算が大きいことに鑑み、この防止に遺憾のないよう努めることを要する。

二、遭難時の非常処置特に防水、防火、総員乗艇などに関しては幹部以下さらに深刻に教育訓練を徹底しておく必要がある。特に船舶部隊のように常時船内に起居勤務する者においてそうである。

神龍丸の遭難にあたっては船舶砲兵隊、船員ともに平常の訓練不足を曝露し、惨害を予想外に大きくしたとの感がある。

三、遭難時には統制ある行動が特に必要であり、統制ある行動は災害を最小限に防止する唯一の手段であることを銘心しなければならない。このため輸送指揮官など乗船指揮官の厳正的確な指揮が特に緊要である。

対潜及遭難時動作の教訓

昭和十九年二月十六日　大本営陸軍部

戦訓特報第一八号　極秘

この資料は南洋某支隊の輸送船が宮崎県沖における敵潜水艦の攻撃にもとづく教訓を報告したものである。

一、要旨

南洋某支隊輸送船隊は一月十一日小艦艇三隻の護衛掩護下に宮崎県島ノ浦灯台約一〇浬(マイル)の沖を航行中の十二時四十七分、敵潜水艦の魚雷攻撃を受けて沈没し、乗員約二四五〇名中三三四名の戦死傷および生死不明を出した。

本遭難に鑑み対潜、対空顧慮を要する海域における警戒並びに遭難時の処置に関しては万全を期して準備しておくことが肝要である。

二、遭難の状況

一、南洋第五支隊輸送船隊は一月十一日小艦艇三隻（掃海艇一、特務艇二）の護衛掩護下に防御海面から進出し、宮崎県島ノ浦灯台約一〇哩の沖に至ると、十二時四十七分敵潜水艦の魚雷攻撃を受けた。当日天気晴朗にして微風あり。

二、遭難前の状況

乗員二四五〇（支隊一二五四、その他便乗部隊、備砲隊、船員など約一二〇〇）にして、支隊は船の前半部に乗船していた。雷撃を受けたのは昼食直後で、乗船していた将兵の大部は甲板に出て遊歩していたが、なお船艙内に留まり食後の雑談に耽っていた者も相当あったようである。

三、航行中乗員に与えた指示

防御海面進出後第三日目の夜明けまでおよびパラオ入港日の三日前より同港入港までの間について、左のように指示を出した。

㈠昼夜を問わず浮嚢を装着し、各隊少なくとも半数は甲板上に出ていること。

㈡兵器は甲板上に搬出し、浮材（竹材、空缶など）を付けておくこと。

四、魚雷命中時の状況

魚雷命中部位は支隊将兵の最も多数を収容した第二船艙後端で、魚雷爆発とともに急造竹梯子、蓋板は飛散または船艙内に落下し、寝棚が転落し第二船艙内寝棚にあった将兵はあるいは艙底に転落し、あるいは爆風に吹き飛ばされて転倒受傷し、続いて浸入した海水のために圧倒され、遂に甲板上に避難する自由を失うに至り、わずかに一部の船艙内水面に浮上した者を救助し得たほか、大部の姿を遂に認めず、遭難生死不明者の悉くはこの船艙内において溺死したものと判断される。また魚雷命中部位上部の甲板付近にあった者は爆風により吹き飛ばされ、または転倒し受傷した。

五、警備司令の処置

乗船部隊は警備司令の許に対潜対空警戒および戦闘準備配置にあり、船員見張員は先立って雷跡を発見し、舵室に通報したが、船長舵手のこれに応じる動作はやや隙があり、かつ人員、貨物を満載していたため、回避しようと操舵したが迅速に方向転換するに至らなかった。

警備司令は直ちに電鈴警笛を鳴らして乗員に警報した。魚雷命中船艙以外は約三分で甲板上に至った。

六、輸送指揮官の処置

輸送指揮官はサロンにいたが、警報と同時に船橋に飛出し、沈没までに相当の余裕があると判断し、退船命令があるまでは軽挙して飛込みなどをしないよう注意し、所要の区処をなした後退船命令を下した。部隊はあらかじめ準備した筏など浮游材料を海中に投下し舷梯、縄梯子、綱などを利用して海上に降下し、悉く僚船および護衛船艇に救助された。

七、損害の状況

人員総員約二四五〇名中戦死傷一三五、生死不明一九九、貨物、携帯兵器は一割余を収容したほか悉く流失した。

人員損害が少なかったのは沈没までに時間の余裕があり、落着いて退船したことと救助船と艦艇が比較的速やかに到着したことによる。

三、教訓

一、対潜顧慮濃厚な海面航行中は昼夜の別なく浮嚢を装着し、少なくとも半数以上は甲板上に位置することを可とする。殊に多数乗船時においてそうである。

二、甲板上にあって雷跡を認め、また雷跡警報を耳にするときは雷跡と反対の舷側に移動し、姿勢を低くすることを可とする。これは爆風により吹き飛ばされ、または転倒による受傷を少なくするために有効であるからである。

三、船艙内には右舷、左舷の標識をして、警報により魚雷攻撃と反対の舷に出るのに便利なようにする。

四、退船避難の服装は浮嚢を装着するほか軽装とし水筒、焼豆、焼米など海中で変質しない食料を携行することを可とする。上衣の下部は袴の下に挿入し、袴の紐で締めておくことを要する。また靴は履かない方が游泳に便利である。

個人装備兵器は別に浮材を付け、退船命令とともに海上に投じ、各人は徒手海上に退避した後、拾集することを可とする。兵器を携行して海上に退避するときは浮游動作を妨げ、失命するおそれがある。

五、警報により甲板に出るには鉄帽を被らなければならない。これは魚雷爆発により飛散する船材の破片、船室の寝台、天井などの落下による頭部の受傷を防ぐため効果がある。対潜顧慮が大きい際には甲板上にある者も同様に鉄帽を被ることを要する。

六、船艙には急造の竹梯子のほか縄梯子、綱を懸吊しておくことを要する。魚雷が命中した船艙の竹梯子、木梯子は船艙の蓋板とともに飛散し用をなさないが、そうでない船艙からの甲板への退出は縄梯子、綱に比べ迅速容易であるから準備を要する。縄梯子、綱は魚雷が命中した船艙にあってはこれによるほかにないので、準備することを要する。

七、離船のための設備は舷梯、縄梯子のほかなるべく多数の縄梯子、綱を舷側に準備しておくことを要する。退船にあたり海中に飛込むと先に海上に浮游している者との衝突または浮嚢の紐の切損などの恐れがあるので、なるべく梯子、綱により海中に浮かぶことを可とする。夜間において殊にそうである。

八、見張警戒兵は警備司令、船長に報告するとともに、雷跡発見と反対舷に退避するよう大声で警告させ、乗員一般はこれを隣の者へ相伝えるよう教示しておくことを要する。

九、人員退船用の浮筏はなるべく多数準備しておくことが有利である。

一〇、乗員、貨物の積載過重は操舵の敏速を欠き、そのために回避できるものが遭難に至ることがある。また過度の人員搭載は退避行動を困難にし、混雑を倍加し損害を増加するに至る。

一一、本事件は護衛艦艇が完全な警戒態勢にあり、しかも天候良好な昼間に遭難した。水中聴音機、電波警戒器など対潜警戒兵器の精度を考究する必要がある。

一二、船員の訓練はなお向上させる必要がある。

船舶砲兵対潜戦闘の参考　戦訓報第三〇号

昭和十九年三月十八日　大本営陸軍部　極秘

この資料は某船砲隊の昭和十八年度船舶輸送間における対潜、監視、戦闘に関する統計的観察である。

一、対潜被害と船砲隊編成との関係

㈠　編成　高射砲四門以上を基幹とするもの（将校指揮）
　対潜戦闘回数一八、被害なし、戦闘回数に対する被害の比率〇

㈡　編成　高射砲二門を基幹とするもの（将校指揮）
　対潜戦闘回数三一、被害四、戦闘回数に対する被害の比率一三％

㈢　編成　機関砲二門以上を基幹とするもの（将校指揮）
　対潜戦闘回数一〇、被害一、戦闘回数に対する被害の比率一〇％

㈣　編成　野砲二門（下士官指揮）
　対潜戦闘回数八、被害二、戦闘回数に対する被害の比率二五％

㈤　編成　野砲一門（兵指揮）

対潜戦闘回数一一、被害七、戦闘回数に対する被害の比率六三％

備考一、連続して敵から数回にわたり攻撃を受けた場合は戦闘回数一回として計上

二、部隊が乗船した船舶についてのみ計上

所見

㈠　船砲隊の編成は監視能力に直接大きな影響を及ぼし、船砲隊の人員が多く監視器材が優秀であれば対潜被害を極限することができる。

㈡　防空船の被害がないのは船速が大きいことによることが多い。

㈢　野砲船においても指揮官として下士官を乗船させることが必要である。

二、某船対潜戦闘監視成績表

(昭和十八年十一月二十五、二十六日　パラオ近海　本記録は特に乗船他部隊の戦闘詳報による)

第一回戦闘

発見回次一　時刻　二十五日十五時三十七分、発見目標　雷跡

発見距離方向　右舷前方一五〇〇メートル

立哨位置　船首、使用眼鏡　肉眼、発見者所属隊　船砲隊

発見回次二　時刻　十五時三十八分、発見目標　潜望鏡
　　　　　　発見距離方向　右舷後方一五〇〇メートル
　　　　　　立哨位置　船首、使用眼鏡　七倍、発見者所属隊　船砲隊
発見回次三　時刻　十五時四十八分、発見目標　雷跡
　　　　　　発見距離方向　左舷後方二〇〇〇メートル
　　　　　　立哨位置　船首、使用眼鏡　肉眼、発見者所属隊　船砲隊
発見回次四　時刻　十五時四十九分、発見目標　潜望鏡
　　　　　　発見距離方向　左舷前方二〇〇〇メートル
　　　　　　立哨位置　船首、使用眼鏡　七倍、発見者所属隊　船砲隊
発見回次五　時刻　十五時五十分、発見目標　潜望鏡
　　　　　　発見距離方向　右舷中央一三〇〇メートル
　　　　　　立哨位置　船首、使用眼鏡　肉眼、発見者所属隊　船砲隊
第二回戦闘
発見回次六　時刻　二十六日九時三十五分、発見目標　雷跡
　　　　　　発見距離方向　左舷前方一〇〇〇メートル
　　　　　　立哨位置　船橋、使用眼鏡　肉眼、発見者所属隊　船砲隊

発見回次七　時刻　九時三十六分、発見目標　潜望鏡
発見距離方向　左舷中央五〇〇メートル
立哨位置　船首、使用眼鏡　肉眼、発見者所属隊　船砲隊
発見回次八　時刻　九時三十七分、発見目標　雷跡
発見距離方向　左舷後方一〇〇〇メートル
立哨位置　船橋、使用眼鏡　肉眼、発見者所属隊　船砲隊
発見回次九　時刻　九時三十八分、発見目標　潜望鏡
発見距離方向　右舷中央六〇〇メートル
立哨位置　船首、使用眼鏡　肉眼、発見者所属隊　船砲隊
発見回次一〇　時刻　九時四十分、発見目標　潜望鏡
発見距離方向　左舷後方二〇〇〇メートル
立哨位置　船首、使用眼鏡　一六倍、発見者所属隊　船砲隊
第三回戦闘
発見回次一一　時刻　十三時四十三分、発見目標　雷跡
発見距離方向　左舷後方二〇〇〇メートル
立哨位置　中央甲板上、使用眼鏡　肉眼、発見者所属隊　乗船部隊

発見回次一二　時刻　十三時四十四分、発見目標　潜望鏡

　発見距離方向　左舷後方二〇〇〇メートル

　立哨位置　船首、使用眼鏡　一六倍、発見者所属隊　船砲隊

備考一、上記のように敵潜水艦の集団攻撃を受けたが、これをことごとく撃退回避

　した。船砲隊射撃により潜望鏡一を破摧した。

二、常時船砲隊は一一名、乗船部隊は三〇名の監視哨を配置していた。戦闘開

始後主力は船首砲座上において戦闘と監視を続行し、乗船部隊は数十名をも

　って両舷（船橋を含む）全周に監視を配置した。

三、船砲隊の編成は船砲隊長以下四七名、高射砲二門、野砲一門であった。

所見一、乗船部隊に対し船上監視教育を徹底的に実施することを要する。

二、船上監視は船砲隊長において統一区処し、かつ船砲隊において監視の骨幹

　を形成することを要する。

三、発見者階級別調査表（昭和十八年一年間）

浮上潜水艦・雷跡・潜望鏡　将校五、下士官一五、兵長・上等兵一七、一等兵二四、

二等兵二

船砲隊一個小隊が発見したとするとき（一人当りの発見数）
　将校五、下士官三・八、兵長・上等兵一・七、一等兵一、二等兵〇・三
所見一、監視力は精神要素特に責任観念により発揮される。船員の発見も高級士官
　に多い。ただし発見率は船砲隊より劣り、乗船部隊に勝る。
　二、視力は訓練により向上する。判断力は経験並びに研究心の旺盛な上級者に
　おいてはるかに優るものがある。対潜発見は判断力により左右される場合が
　多い。

四、発見目標と命中率（昭和十八年度蒐集資料による）
　最初に浮上潜水艦を発見したとき
　　昼一　雷撃回数なし、命中回数なし、雷撃回数に対する命中比率なし
　　夜一　雷撃回数なし、命中回数なし、雷撃回数に対する命中比率なし
　　摘要　対空双眼鏡により水平線上に発見、砲撃して撃退した。火の粉により砲
　　　撃して撃退と判定。戦闘中発見したものは計上せず。
　最初に潜望鏡を発見したとき
　　昼三五　雷撃回数一二、命中回数二、雷撃回数に対する命中比率一七％

夜なし　雷撃回数なし、命中回数なし、雷撃回数に対する命中比率なし
摘要　潜望鏡発見と同時に射撃を加え回避した。戦闘開始後の潜望鏡発見は計
　　上せず。
最初に自船に向う雷跡を発見したとき
昼二六　雷撃回数二六　命中回数六　雷撃回数に対する命中比率二三％
夜九　雷撃回数九　命中回数六　雷撃回数に対する命中比率六六％
摘要　特殊な場合のほか悉く命中した。命中したものは視界不良時または敵に
　　近接させたときに多い。
備考一、同時に数本の雷跡を受けたとき、また二本以上命中したときも一回として
　　計上した。
二、護衛艦などにより探知し、機先を制し行動した場合は雷撃なし。
所見一、夜間監視のため新たな器材および工夫が緊要である。
二、対潜必勝の要は遠距離浮上状態の敵を発見することにある。
三、潜望鏡を発見し機先を制し操船かつ敵に対し射撃するときは、敵を制圧し
　　または照準を困難とする。
四、潜望鏡発見のためさらに双眼鏡を多数使用させる必要がある。雷跡発見は

既に対潜敗勢を意味する。

五、発見と立哨位置（船首・船橋・船尾に船砲隊が立哨した船舶につき計上した）

雷跡　船首（昼五、夜三）、船橋（昼一〇、夜三）、船尾（昼一）

潜望鏡　船首（昼八）、船橋（昼一五）、船尾（昼一）

浮上　船首（夜一）、船橋（昼一）、船尾（夜一）

所見一、監視はできるだけ船橋上に集中することを要する。雷跡も遠距離から発見することができる。

二、船尾から後方を監視するためには、高所にあることを要する。

三、夜間の監視は低所をも重視することを要する。

中部太平洋方面船舶輸送に関する教訓　戦訓報第三一号

昭和十九年四月十二日　大本営陸軍部　極秘

この教訓は現地に派遣された船舶参謀の船舶輸送に関する所見である。

乗船部隊として輸送の完遂および船舶保安達成の要訣は、港湾における乗船、上陸、揚陸、搭載において短切（短時間での）揚搭に徹底することにある。航空接敵地区においては特にそうである。

短切揚搭は単に観念的要求ではなく、切実かつ絶対的要求であり輸送船は敵機、敵潜から損害を受ける前に揚陸を終了することを要し、やむを得ずともこれらの損害を受けるまでに一梱の軍需品、一缶の油を、より多く揚陸することを要する。

以上の見地にもとづき揚陸地においてはたとえ数分であっても迅速に揚陸を完了するよう努力すべきであり、海上護衛の日時が許すので多少の遅延は構わないとするような偸安（とうあん）的気分（目前の安楽をむさぼる）に堕するのは絶対に不可である。また乗船搭載地においても以上の目的達成を容易にするよう乗船を指導し、搭載を実施すべきものである。しかるに過般中部太平洋方面における揚陸実施の実情に鑑みるに、未だ甚だ遠いことを遺憾とする。ここに参考のため具体的事例を挙げれば左のとおりである。

一、乗船搭載地における短切揚搭に応じる積付

一、到着地における短切揚搭実行の基礎は、乗船搭載における積付（つみつけ）にある。しかし積付が計画的でなく、軍隊・軍需品の港湾到着とともに逐次無計画に乗船搭載する傾

向があり、あらかじめ関係方面と連絡し、短切揚搭に適応するように事前に計画を立案することを要する。

二、積付にあたり揚陸地の実情を考慮していないものがある。例えば重起重機の設備がない港湾向け輸送船に、本船の起重機で揚搭することができない重材料を搭載するとか、揚陸地港湾の水深を考慮せず搭載するような例がある。

三、危険品の積付にあたり関心が少ないものがある。敵機、敵潜の顧慮が大きい地においては、危険品は入港後速やかに揚陸できるよう積付に注意を要する。

四、重材料と一般軍需品とを各甲板毎に重ね積みとし、揚陸の際数回起重機の捲換（捲揚速度と制限荷重の変更）を要することがある。

五、搭載自動車に燃料および冷却水がなく、また携行した燃料は船艙の底深くに積付し、即時使用することができないために、揚陸後直ちに運転使用することができず、徒に揚陸場を閉塞した。

同船が搭載携行する燃料は輸送間の損害を軽減するため、自動車に給油することを避けるのは当然であるが、揚陸準備時期においては当然これを給油し、揚陸準備を整えることを要する。

六、重砲を自動車二段積の上に重ね、自動車の発條を損じたものがある。

七、現地の状況により揚陸未完のまま退避することがある。この場合における軍需品の必要度を考慮し、積付の順序を定めることを要する。

二、輸送船の荷役、機材用具の点検整備

一、荷役中揚貨機の故障が頻発するものがある。

二、縄梯子、救命胴衣の不良品が多い。また所定数に不足するものがある。

三、吊具の不足するものが多い。あるいは全く舟艇吊具を交付していないか、または数隻に一組を有するに過ぎないものがある。

四、舟艇付属品の整備が不十分である。某船には八隻の大発中羅針盤を有するものは一隻であった。

五、海図、舟艇燃料の準備不十分なものがある。

六、ウインチマン（起重機操作）、デッキマン（荷役業務）が不足で四隻同時荷役不可能なものがあった。

三、船舶部隊の揚陸準備

一、入港前に輸送船は揚貨機の準備を完了することを要する。乗船部隊が多いため、もし揚貨機準備に危険を生じるおそれがある場合には、輸送指揮官に要求し部隊を他の甲板に移動させるなどの処置を講じるものとする。
二、輸送船入港時、縄梯子を船艙内に下ろしたままのものがあるのは不可である。入港前舷側に準備することを要する。
三、搭載舟艇は輸送船入港時卸下準備を完了していることを要する。入港後なお大発中に荷物を積んであるようなことは不可である。
四、揚貨準備に必要なワイヤ、シャックル、その他の用具を紛失するようなことは最も不可である。
五、揚陸にあたり始めて吊具（畚類（もっこ））の紛失または毀損を発見した輸送船がある。

四、乗船部隊の揚陸準備
一、輸送船が入港しても乗船部隊の上陸準備が完了していないものがある。乗船部隊は服装を整えてあらかじめ計画した位置に待機し、輸送船が投錨すれば直ちに舟艇移乗を開始することを要する。
二、輸送指揮官以下短切揚搭に関する観念が乏しく、入港後ようやく危険を脱した安心感にとらわれ、直ちに揚陸に着手しないものがある。

五、揚陸実施

一、軍隊の乗下船は軍隊自らこれを行うのは勿論、同一船舶に搭載する軍需品なども また輸送指揮官の指揮により乗船部隊をもって揚搭することに徹底することを要する。

二、揚搭が計画的でなく手当り次第無計画に揚陸するもの、ウインチマン、デッキマンなどの準備と勤務員の準備が一致しないもの、船内準備と舟艇準備が一致しないものがある。

三、兵は荷役中危害予防に関する関心が極めて少なく、負傷者を生じることがしばしばある。

四、多数の人員を搭載しかつ陸岸まで十数分の舟艇航行を要する上陸において、船内勤務員を当初上陸させ装具を陸上に置いた後再び船に帰るような部署は適当でない。

五、部隊の上陸時将校行李、酒保品などを兵に携行させるのは適当でない。舟艇移乗を遅延させるからである。

六、夜間揚陸勤務員は姿を没し、その数を減じるものである。幹部の掌握を必要とする。

六、幹部の陣頭指揮

一、碇泊場司令部または船舶輸送司令部支部などは軍隊乗船上陸指導および軍需品の揚搭を主要業務とする。司令官、支部長以下幹部の大部を挙げて現場に進出し、指揮しなければならない。

二、沖荷役にあたり船舶関係の将校は輸送船の船尾（状況による）に位置し、陸岸より帰還する舟艇を各船艙に適宜配分することを要する。

三、輸送船が入港すれば乗船部隊幹部は自ら陣頭に立ち、上陸指揮をなすべきである。入港直後下士官兵の声のみ聞こえ、将校が指揮する声がないもの、大・中隊長は食堂にあって茶を飲んでいるものなどは不可である。

四、舟艇移乗は将校自ら指揮すべきである。舷梯、索梯を降下する部隊が一時断絶するようなことは適当でない。

五、荷役は万難を排して迅速に終了することを要する。このため各種の手段を講じるべきもので、これは幹部の陣頭指揮により自ら創意工夫するものとする。揚貨機の操作に妨げない限り舷梯を利用する人力運搬または縄をもって船艙内より荷物を吊り上げ、舷側より舟艇に卸すなどはその一例である。

これを要するに現段階における短切揚搭は乗船、搭載地と上陸、揚陸地とを一貫する適切な輸送実施と乗船部隊および船舶部隊を一体とする上（揚）陸実施にあり、この中核をなすものは指揮官の陣頭指揮である。船舶部隊は前述の事例を参考として自ら輸送を処理するとともに、乗船部隊の指導を適切にし、乗船部隊もまた指揮官の陣頭指揮の下に船舶部隊と一体となり、短切揚搭に邁進すべきものとする。

夜間に於ける輸送船の対潜戦闘に関する教訓　戦訓報第三七号

昭和十九年五月三十日　大本営陸軍部　極秘

一、戦例

昭和十九年二月十四日ハルマヘラを出航、セブに向った輸送船隊七隻（哨戒艇二隻護衛）はミンダナオ島南方海面において同月十五、十六両日にわたり、夜間暗黒時のわれに甚だ不利なとき、敵潜水艦の反復攻撃を受けたにも拘らず、各船は善戦し悉くこれを撃破し、任務を完遂した。その間において特に敵潜の集中攻撃を受けた建和丸（船砲隊長真壁中尉、高射砲二門、野砲一門、爆雷四個）および瑞穂丸（船砲隊長日笠中尉、兵装建和丸に同じ）の戦闘経過の概要並びに教訓は左のとおりである。

一、戦闘当夜の天象気象

㈠　両日とも海上は平穏だが曇天の暗夜で、視界の状態は左のようであった。
前後の僚船（距離六〇〇メートル）は肉眼で薄黒く輪郭を認めるが、隣船（間隔一〇〇〇メートル）は一〇センチ双眼鏡で船体が認められる程度であった。

㈡　護衛の哨戒艇も一〇センチ双眼鏡で漸く判定できた。

㈢　夜光虫は比較的多く、隣船の航跡はこれらの運動変針時に肉眼で認められた。

㈣　隣船および護衛艦の戦闘状況は全く不明で砲声、爆雷音などで戦闘中であることを知り得る状態であった。

二、建和丸の戦闘

建和丸は二月十五日午後機関故障のため落伍したが、間もなく故障が回復したので船隊に追及し、これを水平線に望見したが日没となった。二十一時三十分船隊は敵潜に攻撃されたようで爆雷の震動を感じるとともに、護衛の哨戒艇一隻は急航し、爾後は全く暗黒中の単独航行となった。

十六日〇時三十七分監視兵は先ず左舷四〇度方向、距離八〇〇メートルに二條の雷跡を発見、直ちに転舵し回避するとともに、船砲隊は制圧射撃を行った。次いで一時間後右一〇度方向距離八〇〇メートルに雷跡二本が直進して来るのを発見、転舵し回避するとともに制圧射撃を実施した。その後掩護のため引返した哨戒艇に敵潜を委ねて急航、同日九時に至り漸く船隊に合流した。

しかし同日夜半、船隊は再び敵潜水艦の攻撃するところとなり、建和丸は二十三時四十分より約一五分間にわたり実に九本の雷撃を受けたが、監視良好で機を失せずこれを発見し、悉く回避に成功した。

次いで十七日二時五十分、瑞穂丸戦闘開始後間もなく右舷九〇度距離二〇〇〇メートル付近に浮上した敵潜水艦を発見、直ちに射撃すると敵潜は一時潜没後再び浮上した。さらにこれを猛射すると黒煙を噴出しつつ姿を没した。そして護衛艦が現場に急航して来たので射撃を中止した。

三、瑞穂丸の戦闘

二月十五日二十一時三十分、先ず僚船の対潜警報（汽笛）を聞いた。瑞穂丸は直ちに転舵一杯をなした。その瞬間監視兵は左舷一〇度距離一〇〇〇メートルに雷跡を発見、船砲隊は直ちに制圧射撃を行うとともに同船は迅速に回避した。

翌十六日二十三時過ぎ建和丸などが対潜戦闘を開始した模様だが、状況は不明だった。次いで十七日二時五十分に至り監視兵は本船後方距離一〇〇〇メートルに追従して来た敵潜の司令塔を発見し、これを射撃すると敵潜は急速潜航した。船砲隊長は直ちに制圧射撃を実施するとともに、威嚇の目的で爆雷一を投下した。この後急航して来た護衛艦に攻撃を委ね、現場を離脱した。爾後船隊に対する敵潜の攻撃はなかった。

四、射撃実績

(一) 自二月十五日二十一時三十分　至二月十六日一時四十七分
建和丸　高射砲　短延期信管付榴弾三〇発
　　　　野砲（船尾）死角のため射撃不能
瑞穂丸　野砲　短延期信管付榴弾六発
　　　　高射砲（船尾）死角のため射撃不能

(二) 自二月十六日二十三時四十二分　至二十三時五十六分
建和丸は船隊外側にあって執拗に攻撃されたが、この間射撃は隣船および護衛艦を顧慮して実施しなかった。

(三) 自二月十七日二時五十分　至三時十分
建和丸　高射砲　瞬発信管付榴弾二〇発
瑞穂丸　高射砲　瞬発信管付榴弾一二発
　　　　野砲　瞬発信管付榴弾六発

五、戦闘の勝因

㈠暗夜に執拗な敵潜を撃破した本戦闘の勝因は、主として監視が優秀であったことに帰すべきであるが、左の点に注目を要する。

①船隊七隻中四隻には将校の指揮する船砲隊が乗船しており、その他全船に船舶砲兵が乗船していた。特に建和丸および瑞穂丸の両船砲隊は半数以上が二か年乗船の経験を有していた。

②暗夜極めて視界不良にも拘らず、之字運動を確実に実施した。かつ隊形は整斉として敵襲に際しても混乱しなかった。

③船内においては船砲隊と船員が協力し、一体となって魚雷発見、転舵、速力変換などの諸動作を極めて円滑に実施することができた。

㈡両船監視兵が困難な状況の下で早期に雷跡並びに浮上潜水艦を発見したのは、些細な徴候を一瞬にして捉える妙技を発揮したもので、発見の端緒は左のようであった。

①夜光虫が多い海面で八〇〇～一〇〇〇メートルを隔てる雷跡の視認は明瞭でなく、薄白い白点がポツリと見えたのを一瞬にして雷跡と判断した。

②建和丸が浮上潜水艦を発見したのは、監視中の船員が一部分黒く朦朧とした海面

を発見し、直ちに船砲隊監視兵が一〇センチ双眼鏡で潜水艦であることを確認したもので、当時隣船瑞穂丸の戦闘開始後であったが、その反対側に注意していた処置が功を奏した。

③瑞穂丸の浮上潜水艦発見は船砲隊の船尾監視兵が肉眼で黒い海面を発見し、注意すると白波が見え、直ちに「怪しき徴候三五〇〇方向」と報告した。そして一〇センチ双眼鏡により敵潜水艦の司令塔を発見した。なお七倍眼鏡は視界が暗くかつ手で支えているため不安定で、暗夜における緊急の操作に適さない。両船とも七倍眼鏡手は敵の浮上を確認することができなかった。

㈢建和丸の雷撃六回（九本）は全部戦闘姿勢で船首砲座にあった船砲隊が発見したもので、そのうち四回（七本）は同一人であった。監視は個人の能力如何により左右されることを明瞭に物語るものである。

二、夜間における対潜戦闘の特質

最近敵潜水艦は昼間わが船隊を捕捉追躡（ついじょう）（追跡）しつつ夜陰を待ち、月明の如何を問わず反復攻撃をして来る戦法を特徴としている。即ち敵は夜間におけるわが方の弱点を利用しようとしているのは明白である。その弱点の主なものは左のとおりである。

一、夜間における監視（探知）器材は敵に比べて著しく劣る。かつ一度捕捉された船舶は潜水艦に比べてその態勢は極めて不利である。

二、たとえ月明があっても潜望鏡の発見は至難であり、浮上している場合の発見も容易ではない。そのため敵は効果のある近接攻撃が可能となる。

三、わが方の監視は夜間に至り疲労が加重してくるのを通常とするが、敵潜は夜間常時浮上状態にあるので、乗員の疲労は昼間に比べて軽減する。

四、船隊内の連携が円滑でなく、会敵時において状況不明のため各個撃破される例が多い。隣船が雷撃を受けた場合でも敵潜の方向すら不明な場合がある。かつ汽笛信号は多くの場合聴取不明瞭である。なお会敵時の運動が整斉でないため、爆雷戦および砲撃を阻害されることが少なくない。

五、船内の連絡に欠陥が多い。発見より転舵および原速より前進一杯の動作が迅速に実施されず、避けられる魚雷が命中した例が多い。

以上に対しわが方が速やかに是正すべき点は、護衛艦並びに船舶の監視器材を敵に凌駕させることを要するのは勿論であるが、

(一) 韜晦（とうかい）（かくす）運動の徹底、夜間における警戒心の昂揚

(二) 夜間における監視技能の向上と創意工夫

㈢　船隊内の信号の研究、隊形の工夫

㈣　「夜は眠るべき」観念（主として下級船員に多い）の打破と船員当直時間および勤務制度の改革

など、急速な改善を必要とする。

第三章　器材取扱法

船艇操縦教範（発動艇及艀舟の部）案（抜粋）

昭和十八年十一月一日　陸軍船舶練習部

監視及通信連絡

監視を対敵監視（対空、対潜、対小艦艇など）、舟艇運行のための直接監視（機雷、流氷、流木、潮流、水中障害物、水深、水底の状況など）並びに艇隊軍の指揮連絡のための監視に大別する。

監視勤務は肉体上精神上の労苦が甚だ大きく、ややもすれば精神の緊張を欠きやすいために対応力の減退を来し、監視粗漏に陥ることが多いので、特に旺盛な責任感と不屈の忍耐力を有し、かつ身体が強健であることを要する。

監視は精良かつ倍率の大きい眼鏡を用いるにしたがい目標の発見が容易となるが、これが不足する場合には視力十分な者を主として近距離（対潜）または一五度以上の（対空）監視に充当する。また太陽に面する方向の監視員には有色眼鏡を使用させることを可とする。

一般に目標を捜索するには瞥見視力（約二秒間の注視）により異状を感じた場合、注視力（二分ないし三分間の凝視）を用いるものとする。

監視勤務者の交代申送り中特に監視の中絶を来さないことが肝要である。監視勤務者の交代は一時間ないし二時間を適当とし、荒天あるいは疲労が大きい場合は一時間を適当とする。また極寒の海域では三〇分毎に交代させることを可とする。

敵飛行機および潜水艦などは日出、日没前後太陽の光線が低く、海面の輝きが大きい、監視に最も困難なときを利用し、あるいは雲に隠れて攻撃してくることが多いので、この際は特に監視員を増加し、その配置を適切にして、監視にいささかの間隙も生じさせないよう留意することを要する。

視達距離すなわち各監視位置において水面上からの高さに応じ、視水平線までの距離はいくらか並びに水平線より上方および下方の眼鏡密位数に応じ、目標までの距離がいくらあるかを速やかに判定することは監視上特に重要である。ゆえに幹部は各監視位置の水面上における高さを承知し、各監視兵の眼鏡を決定してこれに応じる視達距離を各兵に徹底しておくことが必要である。

各監視員に分担させる監視区域は、人員の多寡、監視位置および施設により異なるが、通常四五度（八〇〇密位）ないし六〇度（約一一〇〇密位）を適度とし、かつ監視区域に間隙をなくするため、隣接監視員をして互いに一〇度（約一八密位）内外を重複させることを必要とする。

監視員の報告は機を失せず行うことが肝要で、特に潜望鏡などのように瞬間的に隠顕するものに対し、これを十分確めた後で報告しようとするようなことは、既に時機を失したものである。ゆえに半信半疑の場合においても怪しいと認めたものは総て直ちに所属指揮官に報告しなければならない。

報告要領

一、目標の種類（潜望鏡、障害物、潜水艦、雷跡、飛行機、高速魚雷艇など）

二、方向（右一二〇度）

三、高度（対空監視哨に限る、例えば六〇度）

四、距離

五、動静（前進、反航、右へ移動、直ちに全没など）

六、視認度（夜間、霧中などの場合、例えば明瞭、または不明瞭）

天象、気象、海象および地形の監視に及ぼす影響左の如し

一、天象

㈠太陽を背にするときは目標の視認は容易で、これに面するときは困難である。ただし日出前および日没後は全くこれと相反する。

㈡月および星の影響は一般に太陽の場合と相反する。

㈢水平線付近の星は時として灯火と誤認することがある。

二、気象

㈠雲は物標を掩（おお）いて直接視認を妨害し、太陽および月の光線を遮蔽して照度を減じる。また断雲は太陽の暗影を海面に投じて浅瀬のような観を呈し、あるいは水平線付近の雲は島嶼のように見えることがある。

㈡霧、雨、雪は視認を妨害すること甚だしく、特に眼鏡の使用を困難にする。特に霧および陽炎（かげろう）は視認を妨害し、また気象密度の異状はしばしば蜃気楼現象により

物標を誤認させる。

三、海象

㈠　波浪特に三角波は潜望鏡、雷跡、機雷、暗礁などの発見を甚だ困難とし、また海水の飛沫は眼鏡に曇を生じさせる。

㈡　海面の異状および海水の色の変化は陸岸、浅瀬、河口などの接近判知の資料とすることができる。

四、地形

㈠　背面に陸地を有する物標は一般に視認困難で、特に夜間においてそうである。

㈡　夜間聳立（しょうりつ）する断崖は近く見誤り、また近い海岸は遠く見誤りやすいものとする。

航行間における艇隊（群）長の命令伝達および艇相互の連絡などは視号通信によることが極めて多い。ゆえに各艇は監視を厳にし、通信の速通を図ることが肝要である。通信連絡のため昼間は号旗を、夜間は火光通信を用いる。そして無線通信は常に使用を準備し、所要に応じ活用する。

手旗通信にあっては通信教範の要領による。

火光通信にあっては光度および色を適切に加減して必要最小に規正する。

無線通信にあっては方向性付与、出力の加減、通信法の適切な選定などにより企図の秘匿に万全を期すことを要する。通信実施法は通信教範による。

夜間波浪のある海上においては信号などを適宜高上し、その位置を適切に選定し、通信の通達を確実にすることの着意を必要とする。

通信連絡の実施を簡単迅速にするため、工兵操典第四部艇隊信号規定によるほか、通信略号を臨機規定し、平素より訓練しておくときは極めて有利である。

索梯取扱法

昭和十九年五月二日　秘

第一章　総説

一、索梯は多数の兵員を迅速に舟艇に移乗させるとき、波浪のため舷梯により昇降することが不適当なとき、または一般荷役中艀舟勤務員が本船上に交通するときなどに使用するものとする。

二、索梯は二條の親綱の間に、両端に駒木を有する「子」を等間隔に配置し、親綱の一端を本船に固縛して船側に吊下げ、兵員に中央に縛着してある手綱により昇降動作が容易にできるよう製作してある。

三、主要諸元

長さ　梯子部約九メートル、結束部約二メートル、幅七六センチ、安全荷重七二〇キロ

第二章　構造および機能

一、子は赤樫（白樫）材で高さ四〇ミリ、幅三〇ミリ、駒木間の長さ六一〇ミリ、子間の距離三五五ミリとして、子の中央五五八ミリ間には四囲に溝を刻し、滑り止めとする。

二、駒木は塩地（しおじ）材で長径二一六ミリ、短径一五二ミリ、厚さ四〇ミリの小判型とし、親綱のため深さ二二ミリの溝を穿つ。

三、子と駒木とは精密に嵌込み、銅鋲釘（径六センチ）三本で横から栓止めをなす。

四、親綱は径二〇ミリのマニラロープまたはタイロープで、長さ（梯子部）九一四四ミリとする。両端末は最終桁よりさらに二〇〇〇ミリ延長し、結着の便に供じる。

五、手綱は径二六ミリのマニラロープまたはタイロープで、各子の中央に舟子結（かこむすび）で緊縛し、さらに小元結綱にて固く結束してある。

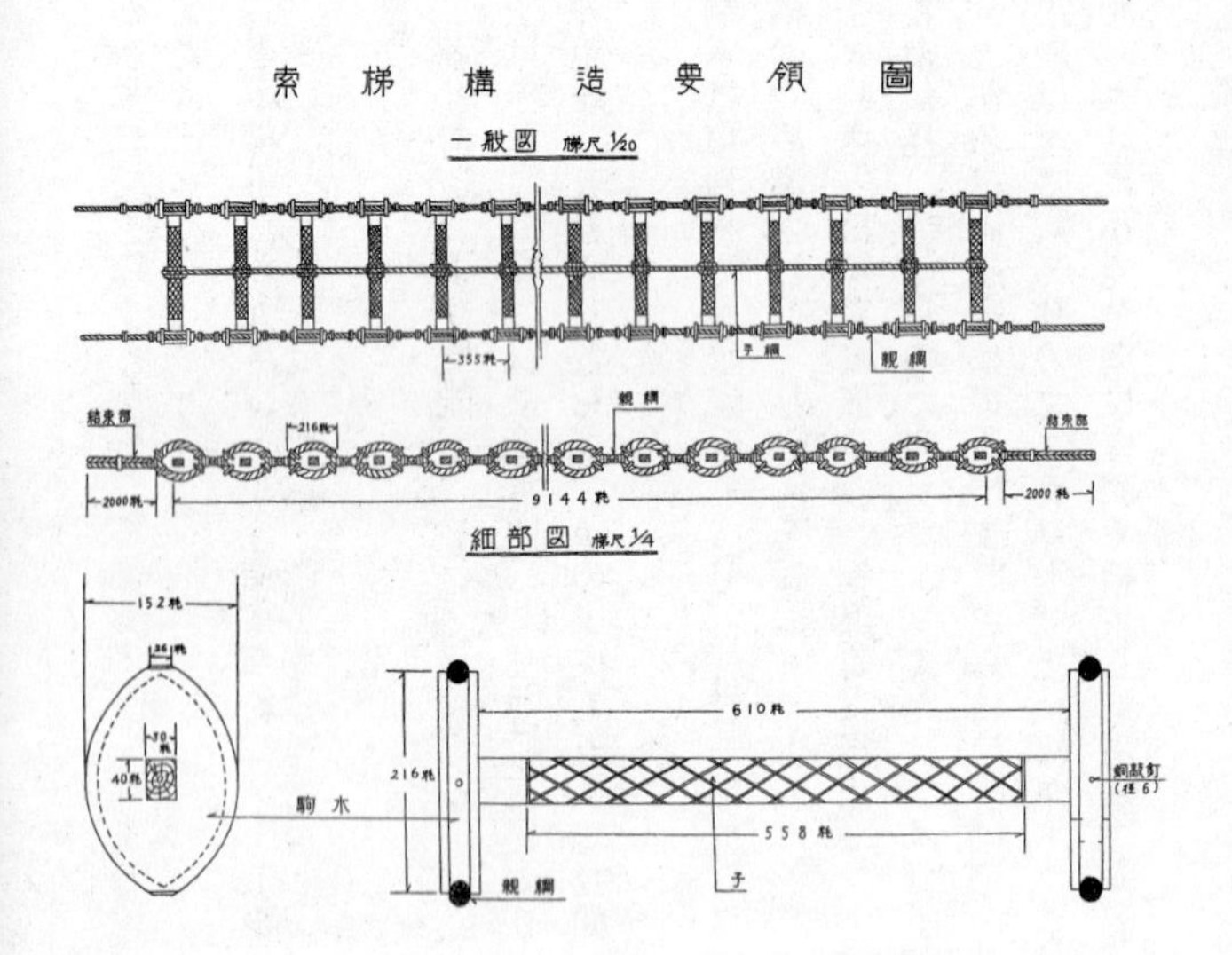

索梯構造要領図
一般図、355耗、手綱、親綱、結束部2000耗、216耗、9144耗、
親綱、結束部2000耗、細部図、152耗、26耗、30耗、40耗、
駒木、216耗、親綱、子、610耗、558耗、銅敲釘（径6）

第三章　取扱法

第一節　装置の要領

一、位置の選定

㈠ 使用位置は舷側の垂直な部位を可とするが、本船機関室両側（排水口より吐出する水により艀舟を沈没させることがある）並びに排便口付近（汚物により舷側が不潔なことがある）は避ける方がよい。

㈡ 荒天の場合は本船船尾より垂下することがある。この場合は昇降中索梯が反転することがあるので注意を要する。

㈢ 一舟艇に配当する索梯は戦況並びに天候により差異があるが、最大限二個とする。そして二箇所使用のときは船内機関の前後に各々一個ずつとし、一個使用のときは機関の前方に吊下げるのを有利とする。

二、使用準備

㈠ 親綱の上部を横合結で舷檣控材もしくは手摺支柱に決着し、舷檣冠材内側もしくは手摺内側に索梯の子が当たるようにする。

㈡ 艇内においては索梯下部両側に兵各一を配置し、片手で索梯外側の親綱を保持し、片手で余端を伸縮し、または降下兵の幇助を行わせる。

㈢索梯の余端を多量に艇内に存在させると跳下りに不便なので、当時の波浪の景況により必要な長さを残し、他は本船上に存置するように結着することを可とする。

㈣駒木は運搬中地上または甲板上に投下し、あるいは重量物の下積になることにより破損しやすい。駒木が破損すると親綱の緊張が左右不同となり、抗力を減じるほか、使用が非常に不便となり、また本船舷檣の稜木により親綱を摩損しやすい。取扱上注意を要する。

第二節　保存法

一、索梯により舟艇に移乗する際は通常二名で索梯下端を保持し、本船舷側に密接するようにすることを可とするが、荒天にあたっては危害予防上艇を舷側から離隔することを要するため、艇の軸盤より本船に模合綱(もあい)を取ることを可とする。特に索梯二個を使用するときにおいてそうである。

二、保持兵が注意すべき事項は左の如し。

㈠保持兵は艇の上下左右の動揺に対応し得る姿勢で、動揺にともない身体を屈伸してこれに応じることを要する。

㈡　艇の動揺特に前後するにつれて索梯は斜めとなり、遂に反転することがあるので、絶えず艇軸に沿い前後に移動し得る準備の姿勢にあることを可とする。

㈢　索梯は下部を巻いて一挙に舷外に放出することがあるので、索梯の余端に手足を払われ、あるいは艇の内側を吊上げるなどの危険を予防することを要する。特に波浪が高いときにおいてそうである。

㈣　本船内方斜面曲部より移乗する際は索梯が反転しやすい。反転したときは降下中の兵はその位置に停止することを可とする。そうしなければ反転を反復し、上端の者は本船と索梯に挟まれ、あるいは落とされることがある。

㈤　波浪などのため艇の模合綱が切れた場合は降下中の兵の降下を止め、艇内にある索梯余端を艇外に放出することを要する。そうしなければ艇は本船と直角になり、索梯のため艇を転覆または沈没させることがある。

第三節　昇降法

一、小銃、軽機関銃は通常負銃をなす。

二、移乗者は前者に引続き遅延することなく舷橋を跨ぎ越え、両足を駒木に接するまで開き、腰を十分前方に張り、両手で索梯の手綱を握って降下準備の姿勢をとる。

子を持つときは手を踏まれ擦過傷を負うことがあるので注意を要する。

三、昇降は右（左）足と左（右）手とを同時に上げ（または下げ）、過度に上体を索梯より離して索梯を動揺させることがないよう注意し、艇内に降下する直前収縮姿勢をとり、機会を見て迅速に跳下りるものとする。中途にて収縮姿勢をとるときは反転することがあるので注意を要する。

四、波浪が高いときにおける跳下（とびおり）の時機は、波のため艀舟が最も上昇した瞬間を捉え、艀舟の上昇衝突による危険を防止することを要する。

五、舷檣を越えるとき並びに艇内跳下の際未熟者は遅疑し、徒に時間を空費することがあるので注意を要する。波が高く約三メートルの波浪中においては一名の移乗に約一分を要する。

第四章　使用前後の手入並びに検査

一、使用後は淡水で洗浄し、細部の塩分を除去して十分乾燥させる。

二、時々反対方向に捲替えることにより、硬化、折損を予防する。

三、破損および摩損部位があり、もしくはこれを予想する箇所があったときは機を失せず修理することを要する。

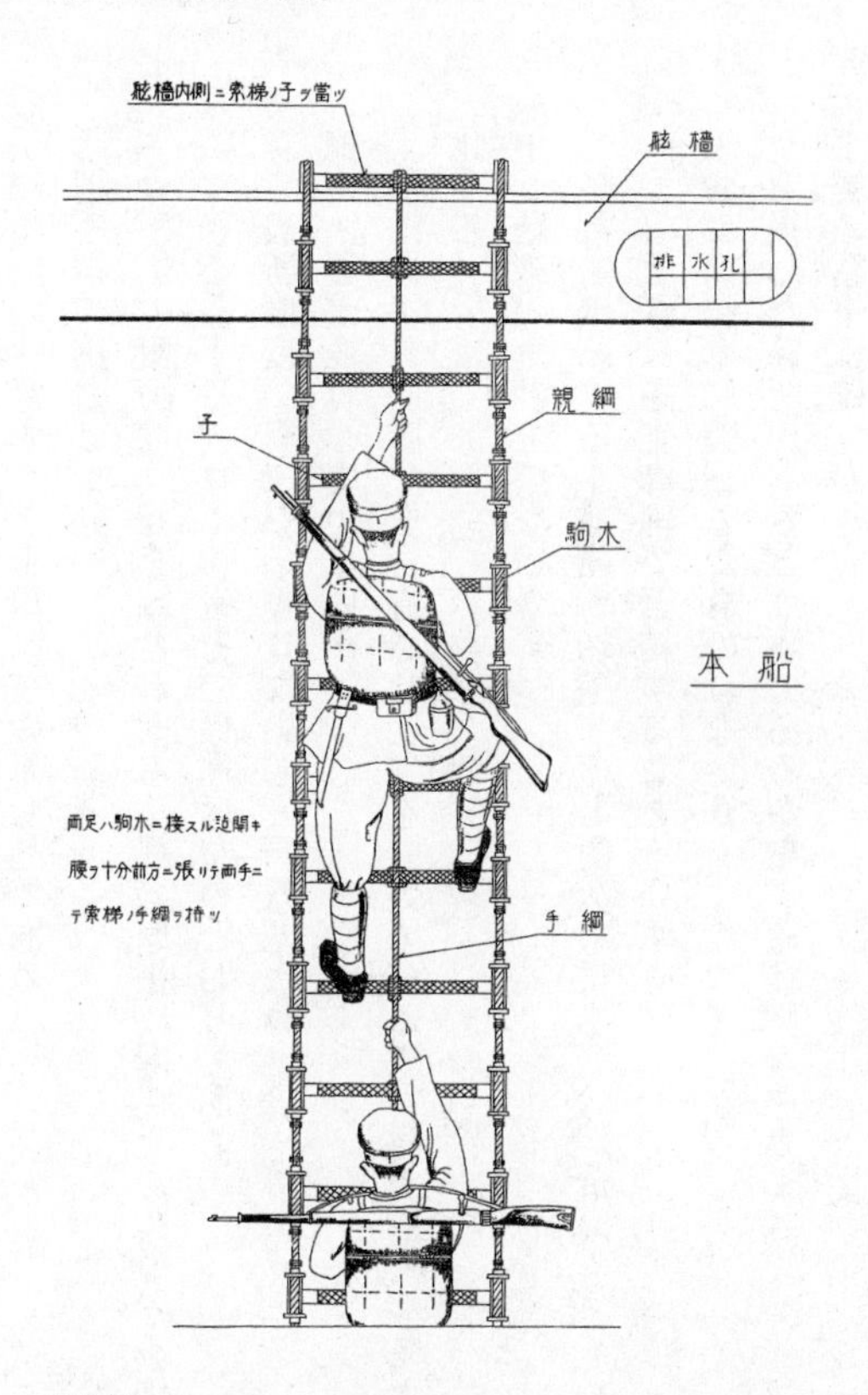

索梯昇降法
左上から、舷檣内側に索梯の子を当てる、子、両足は駒木に接するまで開き、腰を十分前方に張って、両手で索梯の手綱を持つ、右上から、舷檣、排水孔、親綱、駒木、本船、手綱

四、本品は同時に多数の人命を託す器材であるから、使用前厳密に検査する必要がある。このため注意すべき事項は左のとおりである。

(一) 親綱手綱の抗力は十分か
　ロープの耐力は一條を編合わせる小縄の摩損に関係するので、小縄に摩損がないことを要する。ロープ耐力の標準は左のとおりである。
　　破断限度　一三二〇キロないし一一八八キロ

(二) 綱の塗質が変質していないか
　塗油により脂肪分を含有させ変質を防いでいるが、長く貯蔵すると麻繊維が硬化する。

(三) 小元結綱が解けていないか
　各部を緊結する小元結が切断すると耐久力に影響し、危険をともなうので、切断するときは適宜麻縄で緊結することを要する。

(四) 子および駒木に毀損したものはないか
　毀損した箇所があると危険であるから、適宜修理を要する。

(五) 手綱の結束は確実か
　手綱は緩んで桁上を遊動することがしばしばあるので、結束部を精細に点検し、不良なものは修理を要する。

救命胴衣（W型）取扱法

昭和十九年六月一日　東部第九十部隊　秘

第一章　総説

一、救命胴衣は海難の場合における人命救助のため使用するものとする。
二、救命胴衣は肩紐で連絡する前後両嚢を、肩紐で身体の前後に縛着する。
三、本救命胴衣はB型、D型（坂井式）、枕型など一般の救命胴衣に比べて装着間における諸作業実施並びに射撃動作が容易で、これを装着したとき武装兵（背嚢を除き銃を携える）は水中において概ね垂直に浮泛（ふはん）（浮かぶ）することができる。
四、主要諸元
重量一三〇〇グラム、容積〇・〇二立方メートル、浮力役三三キロ（連続四八時間）

第二章　構造および機能

一、構造

㈠ 救命胴衣は胴衣および袋よりなる。

㈡ 胴衣は相似形の前後両嚢に分かれ、肩紐でこれを連結し、前後両嚢にはその中央部に身体縛着用胴紐を有する。

㈢ 嚢はカポック一一〇〇グラム以上を横三三〇ミリ、縦四一〇ミリの外包内に充填したものとする（カポックは南洋のキワタ科樹木の種子が熟して割れると出す繊維から製造精選したもので、水に触れると膨らんで浮力を発揮する。浮力は自重の約三〇倍から四〇倍を有する）。外包は地質堅牢防水完全な二号鶯色雲斎（丈夫な木綿の布）を用いる。

㈣ 肩紐は幅三一ミリ、長さ二九〇ミリのもの二枚合せの真田紐で、一端を嚢に縫着し、他端は三個のフックにより他嚢の肩紐と連結する。

㈤ 胴紐は前後両嚢に幅三一ミリの真田紐を縫着したもので、有効長各一メートルとする。

㈥ 袋は外包と同一地質で製作し、縛着用紐が付いている。胴衣はこれに収容する。

二、機能

㈠ 本胴衣は着装中でも戦闘並びに作業諸動作は自由で、かつ視界を妨げることはない。

㈡ 本胴衣を着装するときは水中において連続四八時間以上身体をほぼ垂直に保ち、頭部を十分露出することができるので、游泳不能者であっても溺死のおそれはない。

㈢ 武装兵にあっては銃を水中に保持するときは前述のように浮泛するが、銃を水上に差上げるときは浮力が十分ではない。

第三章　取扱法

一、救命胴衣は各人一個を配当するものとする。

二、船舶に乗船中は各自その身辺にこれを準備しておくことを原則とする。

三、装着の際は背嚢を負わないことを通常とし、左の要領による。

㈠ 軍帽を脱し、前嚢を前にするよう肩紐の間から首を通し、胴衣の上端を体の前・背部において概ね対照の位置に置く。

㈡ 背部の紐を両手で持ち、十分引締めつつ前方に廻し、さらに後に廻し、十分下方に緊張するよう引下げ、帯革の直上付近において八重結びとする。

㈢ 前に垂れた紐を背に廻し、さらに前方に廻し、前項に準じて結着し、着帽する。

(四) 装着した胴衣が体格により弾薬盒に触れる場合は、弾薬盒を少し下げる。
四、解脱はすべて着装の反対順序に行う。
五、射撃するときは左手で肩紐の一端を持って前に引き、肩釦を外して床尾板の肩当に支障がないようにする。伏射の際は前嚢の下部を前に折り曲げ、伏射の姿勢を執りやすくする。
六、胴衣を装着し、水中浮揚中は静止状態にあるのを原則とし、故意に泳ごうとするときはかえって疲労を来すので注意を要する。
七、本品は火気を引きやすいので、取扱上特に注意を要する。

第四章　使用前後の手入並びに点検

第一節　手入

一、甚だしく水分を湿潤したものがあるときは十分日乾し、抽出浮力試験を行う。
二、油類などが付着汚染したものは揮発油で拭浄し、汚染が甚だしいもの並びに海水中で使用したものは淡水で軟らかく洗濯を行い、快晴の日を選んで連続三、四日間日乾し、十分乾燥させるものとする。

第二節　点検

一、機能点検

㈠ 一〇〇個につき一個ずつ抽出し浮力試験並びに乾燥試験を行う。

㈡ 浮力試験　淡水中において七キロの鉄片を付着し、二四時間以上浮かべた後、一四キロの鉄片を付着して浮かび得るか否か。

㈢ 乾燥試験　抽出品中約一〇個を一梱として重量を計り、数日間日乾後再び重量を計り、規格合否を比較する。

㈣ 故障点検、破損湿潤、虫害、鼠害、一般の状況を検査する。

NF文庫

復刻版 日本軍教本シリーズ
「輸送船遭難時ニ於ケル
軍隊行動ノ参考　部外秘」
二〇二四年九月二十四日　第一刷発行
編　者　佐山二郎
発行者　赤堀正卓
発行所　株式会社　潮書房光人新社
〒100-8077　東京都千代田区大手町一-七-二
電話／〇三-六二八一-九八九一(代)
印刷・製本　中央精版印刷株式会社
定価はカバーに表示してあります
乱丁・落丁のものはお取りかえ
致します。本文は中性紙を使用

ISBN978-4-7698-3373-4　C0195
http://www.kojinsha.co.jp

NF文庫

刊行のことば

第二次世界大戦の戦火が熄んで五〇年——その間、小社は夥しい数の戦争の記録を渉猟し、発掘し、常に公正なる立場を貫いて書誌とし、大方の絶讃を博して今日に及ぶが、その源は、散華された世代への熱き思い入れであり、同時に、その記録を誌して平和の礎とし、後世に伝えんとするにある。

小社の出版物は、戦記、伝記、文学、エッセイ、写真集、その他、すでに一、〇〇〇点を越え、加えて戦後五〇年になんなんとするを契機として、「光人社NF（ノンフィクション）文庫」を創刊して、読者諸賢の熱烈要望におこたえする次第である。人生のバイブルとして、心弱きときの活性の糧として、散華の世代からの感動の肉声に、あなたもぜひ、耳を傾けて下さい。